广西优秀传统文化
出版工程

"自然广西"丛书

追寻远古动物

曾广春　莫进尤　著

微信／抖音扫码

广西科学技术出版社

·南宁·

图书在版编目（CIP）数据

追寻远古动物 / 曾广春，莫进尤著 .—南宁：广西科学技术出版社，2023.9（2023.11 重印）
（"自然广西"丛书）
ISBN 978-7-5551-1989-0

Ⅰ.①追…　Ⅱ.①曾…　②莫…　Ⅲ.①古动物—广西—普及读物　Ⅳ.① Q915-49

中国国家版本馆 CIP 数据核字（2023）第 173973 号

ZHUIXUN YUANGU DONGWU

追寻远古动物

曾广春　莫进尤　著

出 版 人：梁　志		**装帧设计**：韦娇林　陈　凌	
项目统筹：罗煜涛		**美术编辑**：陈　凌	
项目协调：何杏华		**责任校对**：吴书丽	
责任编辑：梁诗雨		**责任印制**：韦文印	

出版发行：广西科学技术出版社
社　　址：广西南宁市东葛路 66 号
邮政编码：530023
网　　址：http：//www.gxkjs.com
印　　制：广西民族印刷包装集团有限公司

开　　本：889 mm×1240 mm　1/32
印　　张：7
字　　数：151 千字
版　　次：2023 年 9 月第 1 版
印　　次：2023 年 11 月第 2 次印刷
书　　号：ISBN 978-7-5551-1989-0
定　　价：38.00 元

总序

　　江河奔腾，青山叠翠，自然生态系统是万物赖以生存的家园。走向生态文明新时代，建设美丽中国，是实现中华民族伟大复兴中国梦的重要内容。

　　进入新时代，生态文明建设在党和国家事业发展全局中具有重要地位。党的二十大报告提出"推动绿色发展，促进人与自然和谐共生"。2023 年 7 月，习近平总书记在全国生态环境保护大会上发表重要讲话，强调"把建设美丽中国摆在强国建设、民族复兴的突出位置"，"以高品质生态环境支撑高质量发展，加快推进人与自然和谐共生的现代化"，为进一步加强生态环境保护、推进生态文明建设提供了方向指引。

　　美丽宜居的生态环境是广西的"绿色名片"。广西地处祖国南疆，西北起于云贵高原的边缘，东北始于逶迤的五岭，向南直抵碧海银沙的北部湾。高山、丘陵、盆地、平原、江流、湖泊、海滨、岛屿等复杂的地貌和亚热带季风气候，造就了生物多样性特征明显的自然生态。山川秀丽，河溪俊美，生态多样，环境优良，物种

丰富，广西在中国乃至世界的生态资源保护和生态文明
建设中都起到举足轻重的作用。习近平总书记高度重视
广西生态文明建设，称赞"广西生态优势金不换"，强
调要守护好八桂大地的山水之美，在推动绿色发展上实
现更大进展，为谱写人与自然和谐共生的中国式现代化
广西篇章提供了科学指引。

　　生态安全是国家安全的重要组成部分，是经济社会
持续健康发展的重要保障，是人类生存发展的基本条件。
广西是我国南方重要生态屏障，承担着维护生态安全的
重大职责。长期以来，广西厚植生态环境优势，把科学
发展理念贯穿生态文明强区建设全过程。为贯彻落实党
的二十大精神和习近平生态文明思想，广西壮族自治区
党委宣传部指导策划，广西出版传媒集团组织广西科学
技术出版社的编创团队出版"自然广西"丛书，系统梳
理广西的自然资源，立体展现广西生态之美，充分彰显
广西生态文明建设成就。该丛书被列入广西优秀传统文
化出版工程，包括"山水""动物""植物"3个系列共
16个分册，"山水"系列介绍山脉、水系、海洋、岩溶、
奇石、矿产，"动物"系列介绍鸟类、兽类、昆虫、水
生动物、远古动物、史前人类，"植物"系列介绍野生
植物、古树名木、农业生态、远古植物。丛书以大量的
科技文献资料和科学家多年的调查研究成果为基础，通
过自然科学专家、优秀科普作家合作编撰，融合地质学、
地貌学、海洋学、气候学、生物学、地理学、环境科学、

历史学、考古学、人类学等诸多学科内容，以简洁而富有张力的文字、唯美的生态摄影作品、精致的科普手绘图等，全面系统介绍广西丰富多彩的自然资源，生动解读人与自然和谐共生的广西生态画卷，为建设新时代壮美广西提供文化支撑。

八桂大地，远山如黛，绿树葱茏，万物生机盎然，山水秀甲天下。这是广西自然生态环境的鲜明底色，让底色更鲜明是时代赋予我们的责任和使命。

推动提升公民科学素养，传承生态文明，是出版人的拳拳初心。党的二十大报告提出，"加强国家科普能力建设，深化全民阅读活动"，"推进文化自信自强，铸就社会主义文化新辉煌"。"自然广西"丛书集科学性、趣味性、可读性于一体，在全面梳理广西丰富多彩的自然资源的同时，致力传播生态文明理念，普及科学知识，进一步增强读者的生态文明意识。丛书的出版，生动立体呈现八桂大地壮美的山山水水、丰盈的生态资源和厚重的历史底蕴，引领世人发现广西自然之美；促使读者了解广西的自然生态，增强全民自然科学素养，以科学的观念和方法与大自然和谐相处；助力广西守好生态底色，走可持续发展之路，让广西的秀丽山水成为人们向往的"诗和远方"；以书为媒，推动生态文化交流，为谱写人与自然和谐共生的中国式现代化广西篇章贡献出版力量。

"自然广西"丛书，凝聚愿景再出发。新征程上，朝着生态文明建设目标，我们满怀信心、砥砺奋进。

八桂大地的远古动物探险

扫码开始

抖音/微信扫码查看

纵览沧桑变迁的广西，走近亿万年前的远古动物

问迹：生命演化
全方位精讲，解答演化的十万个为什么

寻踪：远古动物
看地球生命史，探寻活化石踪迹

记录：学习心得
随时记所思，摘录阅读科普的点滴心

阅读：研究前沿
走在探索前沿，新鲜科研资讯抢先读

目录

微信／抖音扫码

综述：沧桑地球的传奇故事

　　我们把保存在几万年前、几千万年前，甚至几亿年前形成的岩层中的古生物遗体和生命活动的遗迹，称为化石。很多人都知道或见过化石，如恐龙化石、菊石化石和三叶虫化石等都是我们熟悉的古动物化石种类。无论是貌不惊人的，还是光彩夺目的，化石都是开启史前生命世界的钥匙，不仅具有重要的科学价值，而且是大自然留给我们的珍贵遗产和奇妙的远古"景观"。

　　古生物包括古动物与古植物，本书只述及在漫长的地质历史时期中生活在广西区域内的古动物。这些远古的生灵绝大部分已消失，只有很小的一部分得以保存在地层中，幸运地成为化石。这些珍贵的动物化石具有极重要的科学价值，对我们了解地球的地质历史有着非凡的意义。

　　过去十几亿年沉沉浮浮的地壳运动使得广西地区几度海陆更替，沧海桑田，而生活在其中的古老生命也不断地随之演化和发展。这些现象无不记录在地层和化石之中，为我们认识广西古动物化石与广西地质演化史之间的紧密联系提供了丰富的例证。

广西具有数亿年的生命演化史，经历了由海洋向陆地的演变，在此期间生命的演化也是呈现出从无到有、从简单到复杂、由低等到高等的阶梯式发展，这同样也是整个地球生命演化规律的体现。

在距今5亿多年的古生代寒武纪时期，除了桂西一带为浅海环境，广西其他地方均被深海或半深海覆盖，仅存在少量的小型腕足动物、三叶虫及海绵动物等活动痕迹，其中在靖西和那坡等地的寒武系泥岩和粉砂岩地层中发现了数量较多的三叶虫和其他一些无脊椎动物的化石。

在寒武纪结束后的近1亿年的时间里，奥陶纪和志留纪含化石的海洋沉积基本仅限于桂林 – 大明山 – 泗城岭和梧州 – 钦州这两个深水海槽内，以笔石等漂浮性动物化石为主。在距今4亿多年的志留纪末期，一场浩大的地壳运动，也就是著名的广西运动，造成规模空前的地层断裂、褶皱和岩浆活动，使整个广西结束了漫长的深水和半深水的广海环境，褶皱隆起变成陆地。

新生的陆地经过了数百万年的风化剥蚀，海平面再次上升，广西又迎来了海侵，陆地再次淹没于海洋中。距今4亿年的泥盆纪海侵在广西形成了广阔的浅海环境，沉积了大片的灰岩地层，水体清澈温暖，腕足动物、珊瑚、苔藓虫、层孔虫、鱼类和双壳动物等底栖浅海动物繁盛，并构成了著名的"东京石燕"动物群，这一动物群广泛分布于广西。除了广阔的浅海海域，在南丹 – 河池等地区还存在深水海槽环境，其中生活着竹节石和菊石等浮游类动物。延续了近6000万年的泥盆纪时期，动物化石种类极其丰富且大部分保存完好，同时也是广西地层分布最广泛、发育最完整的时期。

广西三江一带出露的前寒武系板岩、页岩和砂岩地层，距今7亿—6亿年，其中含有微小的海绵骨针化石和植物藻类化石，这也是广西已知最早的生命痕迹之一

广西西部寒武系地层景观及其中的三叶虫化石

广西奥陶系的野外地层景观（左）及其中的笔石（右）

广西志留系的野外地层景观（左）及其中的笔石（右）

广西横州六景泥盆系野外地层景观（左）及其中的海洋生物化石（右）。横州六景泥盆系剖面是华南地区最为经典的海相泥盆系标准剖面之一，其海洋生物化石异常丰富，其中石燕等腕足动物是广西泥盆纪时期古动物的代表

进入距今3.6亿—3亿年的石炭纪时期，陆生植物大量出现，氧气含量增加，从而导致生物体形普遍增大，陆地上开始出现巨型昆虫和巨大的两栖动物，海洋也出现大体形的腕足动物，如长身贝类。在距今2.9亿年的二叠纪初期，广西大部分地区仍为浅海环境，藻类和海绵生物礁发育，并生活着大量的底栖生物，如腕足动物和珊瑚等。在二叠纪晚期，广西地壳升降变动频繁，海陆交替，沉积类型丰富多样，其中含煤地层发育，是广西乃至华南地区最重要的成煤时期。这一时期，地球发生了最大规模的生物集群灭绝事件，造成当时约95%的海洋生物和约75%的陆地生物在数十万年内彻底消失，二叠纪结束。

从距今2亿多年的三叠纪开始，地球来到了中生代时期。这时候广西地区海域扩大，海水加深。早–中三叠世时期的浅海灰岩与泥灰岩沉积主要分布在桂西和桂西北一带，其中含有丰富的菊石化石和少量的海洋爬行动物化石。在距今2.3亿年的中三叠世晚期发生了一场规模巨大的地壳运动——印支运动，使得整个广西发生强烈的地层褶皱扭曲和断裂，海水消退，陆地抬升隆起，如同志留纪末期发生的广西运动一样。不同的是，这次的印支运动基本结束了广西海洋沉积的历史，全境转变为相对稳定的大陆直到现在。

在侏罗纪至白垩纪的1亿多年里，广西整体都处于地壳断裂升降活动强烈的阶段，并由此产生了一系列的凹陷盆地和断陷盆地。这种内陆湖泊和山间盆地沉积物中一般化石较少，基本以植物、淡水双壳动物及介形类动物化石为主，仅在少数几个盆地内发现恐龙化石。

广西石炭系地层景观（左）与其中的长身贝类化石（右）

广西三叠系菊石化石（左）和野外地层景观（右）

广西扶绥那派盆地白垩纪时期的恐龙化石（左）和地层景观（右）

时间来到了距今 6000 多万年的新生代时期，这时候的广西地壳处于相对平静的阶段。在喜马拉雅运动的影响下，广西由多次升降改变为总体隆起抬升并接受风化剥蚀，桂南北部湾一带逐渐沉沦为海洋，由此奠定了广西现今的总体地形地貌轮廓。在新生代古近纪时期，与侏罗纪—白垩纪相似，这个时期的湖泊盆地高度发育。由于当时气候温暖潮湿，植被繁茂，动物得以大量繁衍生息，主要有石炭兽、犀牛、龟鳖类和鱼类等脊椎动物，腹足动物和双壳动物等淡水动物，以及丰富的被子植物，等等。在距今 2000 万年的新近纪时期，由于受到喜马拉雅运动的影响，广西陆地持续隆起抬升，导致湖盆逐渐干涸，河流下切，并逐步形成了现代水系。

距今 200 多万年的第四纪时期，广西整体地壳继续抬升，河流不断下切，形成了高低不同的河流阶地与喀斯特洞穴。在这些阶地和洞穴中，分别留存着更新世和全新世时期的河流冲积与洞穴堆积物，其中右江河谷阶地中发现古人类遗留的石器工具。洞穴堆积里埋藏了丰富的哺乳动物化石，如经典的大熊猫 – 剑齿象动物群就

广西新生代时期盆地景观

广西新生代时期哺乳动物化石

广西第四纪喀斯特洞穴景观

是广西乃至华南地区第四纪时期最为著名的动物群落。今天的广西，地壳仍然在缓慢上升中，并且继续接受风化剥蚀，形成了现在河川纵横、山峦叠翠和喀斯特地貌发育的壮美地貌景观。

　　广西地质变迁与动物演化如同一本史书，每一页都让我们看到变幻中的地球，以及生命的进化和沉沦。生物的演替与地球的发展密切相连，这一规律从未改变。不见过去，不得未来，只有了解广西的自然发展历史乃至地球的演化历程，才能更好地理解和尊重生命的意义。地球的生命进化历史是由一个个灭绝的物种书写的，而每一块动物化石，都是一篇沧桑地球的传奇故事。

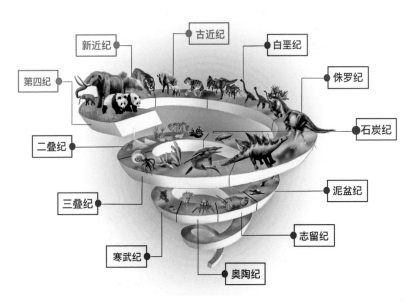

地质时代远古动物的演化历程（梁诗雨　绘制）

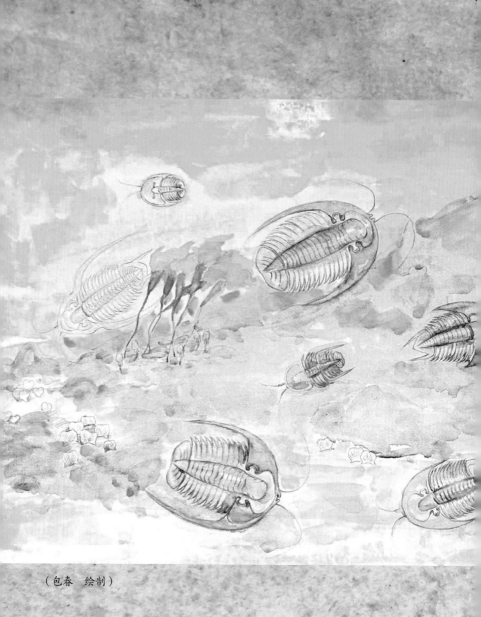

（包春　绘制）

早古生代：寒武繁春

　　早古生代包括寒武纪、奥陶纪和志留纪三个时期，距今 5.4 亿—4.1 亿年。在这三个时期里，寒武纪可以说是地球生物演化历史中最跌宕起伏的一个时期。

　　如果把寒武纪之前的生命寂静期形容为凛冽寒冬，那么寒武纪生命大爆发就如同明媚的春天，使地球生命呈现出令人眼花缭乱的兴旺繁荣。"繁花盛开"的寒武纪大爆发所形成的生物群包括最古老的节肢动物、软体动物、腕足动物、棘皮动物、腔肠动物、海绵动物和环节动物等，以及人类的祖先脊索动物，可以说现代动物的远古祖先们几乎全部到位了。寒武纪演化生物群也构成了现代生物的基本框架和发展基础，造就了一个光芒耀眼的美丽新世界。

　　广西早古生代的古生物化石产地比较多，其中以靖西寒武纪晚期的果乐生物群为典型代表。该生物群无论是在研究程度，还是在知名度上都是最高等级的，其囊括了节肢动物、腕足动物、棘皮动物、笔石动物、腔肠动物、古蠕虫类等古生物。这些动物化石保存在非常细腻的泥岩中，构造细节极为精美，甚至很多生物种类保留了难得的软躯体，无论是在科研角度上，还是在观赏角度上都堪称完美。

三叶虫：果乐之光

　　寒武纪生命大爆发造就了无数全新的复杂生命。在众多崭露头角的生物中，毫无疑问，三叶虫属于寒武纪大爆发中最为耀眼的那束光芒。三叶虫是早古生代，尤其是寒武纪最常见的化石门类之一，三叶虫化石是寒武系地层划分对比与时代确定最重要的标准化石。可以说，寒武纪是三叶虫的黄金时代。

　　作为仅生存于古生代的原始节肢动物，三叶虫在距今5亿多年的寒武纪早期出现，随即迅速演化成地球生物中极为庞大的类群，其无论是在种类上还是在数量上，都远远超过其他生物的总和。目前已发现的三叶虫有5000多属20000余种，它们的体形差别极大，有的身长不足2毫米，有的身长在70厘米以上。在寒武系地层里，爬满了数不胜数的三叶虫，可以说，寒武纪的大海也是三叶虫的海洋。

　　之所以叫作三叶虫，是因为它的基本形态无论是从纵向还是从横向来看，整个身体都是由3个部分组成，都是标准的三叶形。

寒武纪生命大爆发（霍秀泉　绘制）

从纵向来看，三叶虫的背面分为头甲（包括头盖和左右两侧的活动颊）、胸甲（由两节至几十节胸节组成）、尾甲3个部分，这也是标准的节肢动物类型构造；从横向来看，则分为中间的轴部和两侧的肋部3个部分。它的背壳由坚硬的几丁质构成，硬化程度很高，如同厚重的铠甲，这也是三叶虫化石数量极多、保存异常丰富的重要原因之一。如果三叶虫现在还活着，把它翻过来，就会发现它的腹面两侧长着很多有关节的腿、口腔旁边的唇瓣，还有细长的触须。这些器官非常柔软，不像背壳那么坚硬，一般很难保存下来，只有在特殊的沉积环境中才可能保存为难得一见的化石。因此，现在看到的三叶虫化石实际上大多数都是它们的完整背壳以及各种壳体碎片。

三叶虫优良的身体构造和超强的适应环境能力，帮助它们熬过多次生物大灭绝，跨越整个古生代，存续了2.7亿年之久，堪称传奇。

庞大的三叶虫家族遍布海洋，丰富多样的形态证明了它们可以演化出各种各样的生活方式来适应不同的海洋环境。从明亮浅海到水深千米的黑暗深海，都有这些顽强生物的身影。很多三叶虫进化出流线型的体形，以方便快速游动，如貌不惊人的、小小的球接子类三叶虫就是远洋游泳迁移的高手。当然，大部分三叶虫依靠坚硬的防护外壳匍匐游移在海底泥沙中，捡食有机物碎屑。一些属于掠食者的大块头三叶虫则利用外壳上的尖棘刺和体形优势横行于海床上，捕捉感兴趣的猎物，甚至以其他小型三叶虫为食。

为什么说三叶虫是寒武纪海洋里绝对的主体？不仅

因为它们数量庞大、属种众多，还因为它们作为低级消费群体，构成了海洋食物链"金字塔"的基础。三叶虫不仅能够处理生物遗骸，回收有机物残渣，起到清道夫的作用，而且在繁衍延续族群的同时，还能作为食物来源养活一大批诸如奇虾这样的肉食者。可以说它们是整个寒武纪时期海洋生态环境系统的支柱，维持着食物链的存续和物质循环。

　　三叶虫广泛存在于世界各地的寒武系地层里，那么广西的寒武系地层三叶虫化石是否也很丰富呢?

　　广西含有三叶虫化石的寒武系地层主要分布在隆林、那坡、靖西、天等和大新一带的崇山峻岭中。这些石灰岩及覆盖在下面的泥页岩多数是距今5亿年的寒武纪时期的海洋沉积物。这些沉积物历经了亿万年的地质变迁，如今已变成了茫茫群山和一层层的岩石，而三叶虫化石就埋藏在其中。如前文所提到的，当前已知广西寒武纪时期三叶虫化石最丰富的地方是靖西寒武纪晚期的果乐生物群，其无论是在种类上还是在数量上都是首屈一指的，可以作为广西早古生代时期三叶虫的代表。

三叶虫体形构造复原图

　　靖西果乐附近分布着大片质地细腻的寒武系晚期的土黄色泥岩和页岩地层。这种很软的泥岩就像尘封亿年的书本，只要用地质锤顺着层理方向轻轻敲开，就有可能发现泥岩里面保存的精美的三叶虫化石。寒武纪的果乐生物群三叶虫不仅数量多，而且品种非常繁盛，形态各异的、大大小小的三叶虫及其碎片在这里十分常见，证明了这些原始节肢动物曾盛极一时。

　　果乐生物群中具有代表性的三叶虫主要包括索克虫、谢尔高德虫、和温虫和广西盾壳虫等。其中，很多三叶虫因拥有丰富多样的体形而备受瞩目，而广西盾壳虫算是果乐生物群的三叶虫中颜值最高的，它弯弯的超长颊刺宛如一位远古舞者甩动的水袖，超然似仙，堪称惊艳。所以，果乐生物群的三叶虫化石是众多化石爱好者狂热追求的收藏目标。

　　果乐生物群作为寒武纪布尔吉斯页岩型生物群，不仅保存了大量精美的三叶虫化石，还存在其他节肢动物化石，如赫德虾类和一些三叶形节肢动物。这些珍贵的化石从侧面反映了距今 5 亿年的广西远古海洋中，活跃着众多不同类型的奇特的节肢动物。它们和三叶虫一起，组成了丰富多彩的节肢动物大家庭。

群峰环绕的靖西果乐

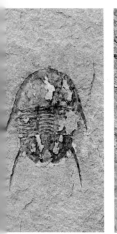  

果乐生物群中的三叶虫化石

果乐生物群中的三叶虫化石

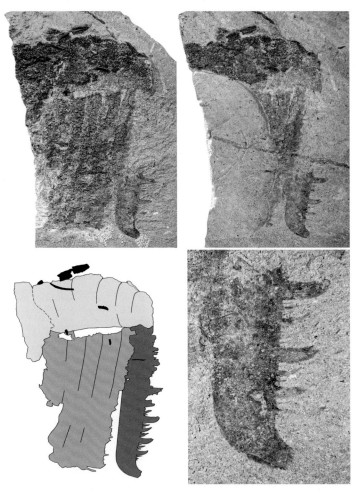

靖西果乐赫德虾类前附肢化石和素描图（摘自朱学剑 2021 年学术论文）

赫德虾科中华皮托虫复原图（摘自吴雨 2021 年博士论文）

笔石动物：大自然的"速写"

　　如果说寒武纪是三叶虫的时代，那么在奥陶纪和志留纪的数千万年时间里，广西乃至世界其他地区保存下来最多的古生物化石就是笔石。笔石动物是一类生活在古生代海洋里的奇特生物。这种外形如同小锯条一样的群体动物没有任何现生动物或化石类型作为参照，所以从被人们发现开始它们就显得与众不同，充满了神秘感。

　　由于笔石独特的形态和结构，古生物学家最初将其误认为植物或者腔肠动物的化石，直到今天也无法确定它的分类学位置。现在大部分学者倾向于笔石动物属于半索动物门（半索动物是一个与脊索动物，包括脊椎动物在内的具有亲缘关系的原始类群）的一个绝灭旁支。笔石动物和三叶虫一样，是典型的古生代生物类群，这种海洋小动

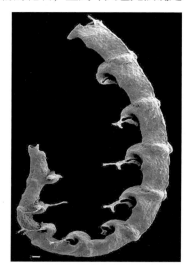

立体保存的笔石

物最初出现在寒武纪中期，繁盛于奥陶纪和志留纪，最终灭绝在距今 3 亿多年的石炭纪早期。

笔石动物的样子很好辨认，其化石保存状态一般是压扁了的碳质薄膜，看上去很像铅笔在岩石上书写的痕迹，因此被形象地称为"笔石"。笔石动物从中寒武世开始出现，随后在很短的时间里发展壮大，成为奥陶纪和志留纪时期海洋中数量庞大的生物类群。笔石动物的外表可谓变化多端，有的长得像树枝，有的长得像音叉，有的长得像螺旋，还有的长得像飞鸟展翅……形状各异的笔石动物遗留在这个世界上的化石形象，如同大自然不经意画下的"速写"，给我们留下了无尽的遐想。

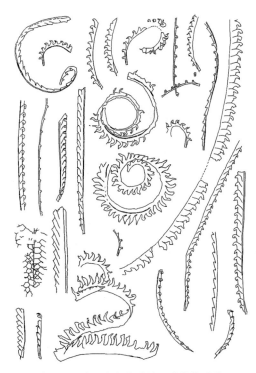

奥陶纪时期形态各异的笔石动物复原图

单个的笔石动物体形非常小，今天见到的笔石实际上是它们一起生活的群体所分泌出来的有机质骨骼形成的化石。这点倒是跟珊瑚比较像，只是笔石呈现的是碳质薄膜的状态。笔石动物的外骨骼就像群居的集体公寓，笔石动物的虫体就生活在如同小房间的腔体里，依靠纤毛触手的晃动来摄取海水中的有机质以求生存。这样的"房子"长度从几厘米到几十厘米，甚至更长，形状也因为笔石动物种类的不同而千变万化。

研究证明，笔石动物是一类以浮游方式生活的海洋生物。如奥陶纪和志留纪时期繁盛的正笔石动物属于随波逐流的流浪者，一般生活在平静的深海里，可以跟随洋流到达全球各地。另外，也有少数原始的笔石动物，如寒武纪晚期的树形笔石动物，具有类似"根"和"茎"的构造，喜欢像树木一样固着在海底生活。笔石最为常见的形式就是呈压扁的碳质薄膜印痕，并且经常集群覆

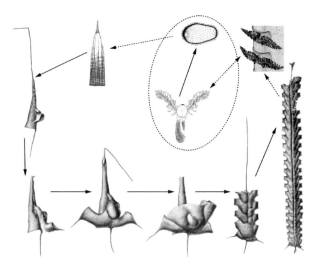

笔石动物的生长过程，其中虚线部分是推测内容，无可靠的化石证据（摘自张元动《笔石：在岩石中书写的痕迹》）

盖在黑色页岩层面上，数量惊人，但在这些页岩层面上几乎没有发现其他化石种类，这是为什么呢？一个原因很可能是当时的海水较深且平静，海底的还原作用强，致使氧气不足，加上含有较多的硫化氢，底栖生物生存条件受限，导致数量极少，但生活在表层水面浮游的笔石动物则不受太大影响，它们死亡后沉入海底，在短时间里被掩埋而变成化石；另一个原因可能是笔石动物漂流到这种不正常的水体环境时就大量死亡沉入海底，由于底栖生物稀少，因此只有单一的笔石动物被保存了下来成为化石。

像笔石动物这样的"小东西"重要吗？当然重要了！笔石动物体形虽小，却有大意义。在早古生代的奥陶纪和志留纪时期，浮游的笔石动物可以随洋流快速漂流到全球各地，这种分布特性可以让人们很容易比较不同地方的笔石动物种类，从而确定地层年代。此外，笔石动物演化速度非常快，不同时期笔石动物的类型和结构都不一样，因此笔石成了古生物学家们非常喜爱的用来确定地层年代的标志化石。同时，笔石对我国页岩气勘探开发有重要意义。早古生代的志留纪时期气候变暖，冰川融化，海平面上升，海洋里的微生物和藻类大量繁殖并死亡，它们的遗骸落入海底，在缺氧环境下埋藏沉积，经过长期的加压加热，形成石油和天然气。笔石基本出自深海沉积的页岩中，因此其对寻找页岩油气资源具有非比寻常的作用。

可以说，研究奥陶系和志留系地层最重要的化石门类，不是大名鼎鼎的三叶虫化石，也不是当时的庞然大物鹦鹉螺化石，而是这个其貌不扬的小化石——笔石。

　　广西古生界地层发育，化石丰富，这当然少不了笔石。其中，寒武纪的笔石在靖西果乐的寒武系晚期地层中有所发现，主要是一些原始的树形笔石。而奥陶系地层中的笔石则非常丰富，主要分布在东北部的兴安、恭城、临桂和灌阳等地，以及东南部的平南、藤县、北流和博白等地，中部的大明山一带也有少量发现。笔石种类包括奥陶纪时期颇具代表性的对笔石、四笔石、均分笔石、雕笔石和假三角笔石等。志留纪至泥盆纪时期的笔石主要分布在玉林、钦州和防城港一带。广西以志留系地层发现的笔石最为丰富，也是目前研究程度最高的笔石类群，代表种类有单笔石和波希米亚笔石。

靖西果乐生物群寒武系晚期地层的树形笔石

兴安升坪奥陶系地层的对笔石

兴安升坪奥陶系地层的齿状雕笔石群体

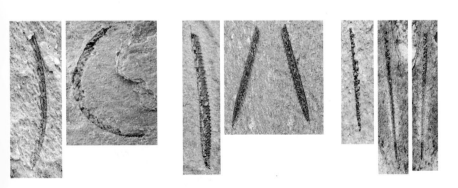

防城港志留系地层中的各种笔石。从左至右分别为波希米亚笔石、单笔石和锯笔石

腕足动物：辉煌序曲

　　说起贝壳，我们首先想到的就是海边沙滩上散落的漂亮的螺贝。今天我们看到的贝壳几乎都属于软体动物中的双壳动物（如扇贝和蚌）和腹足动物（如蜗牛和田螺），而在地质历史时期的贝壳世界还包括了另外一个数量极其庞大的类群——腕足动物。

　　腕足动物的外表看上去非常像双壳动物，它们的躯体都是由两瓣可以开合的贝壳包裹起来。但实际上二者没有亲缘关系，它们在分类、形态以及生活环境等方面都存在很大的差别。腕足动物单独构成一个门类——腕足动物门，而双壳动物则是软体动物门中的一个纲。在壳体形态上，腕足动物的单瓣壳通常都是左右两侧对称，两瓣壳体分为背壳和腹壳，但两瓣壳大小不等，腹壳大于背壳；双壳动物的外壳正好相反，单瓣壳左右不对称，但两瓣壳是对称的。这也是腕足动物与双壳动物在壳体特征上的重要区别。此外，双壳动物的活动范围非常广泛，无论是在海洋还是在淡水水域都能看到它们的身影；而腕足动物全都生活在海洋里，5亿多年来从未离开过大海。

　　有意思的是，"腕足动物"这个名字的产生是个乌龙。腕足动物壳体内的空腔被称为腕腔，腔内有一个纤

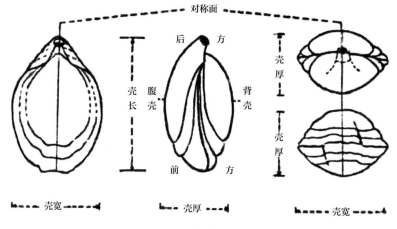

对称面

后　方

腹壳　　　背壳

前　方

壳长

壳厚

壳厚

壳宽

壳厚

壳宽

腕足动物线描图

双壳动物

毛触手环，被称为腕。早年的古生物研究者误认为腕足动物爬行移动靠的是这个腕，所以就有了"腕足"一名。实际上这个腕起到的是呼吸和滤食的作用，跟行走没有关系。

作为一种生活在海底的有壳无脊椎动物，腕足动物种类繁杂，壳体结构是区分腕足动物的重要依据。绝大部分腕足动物两瓣壳体连接的地方都有铰合构造，但也有少数腕足动物没有这个构造，而是通过角质的韧带将两瓣壳体连接起来。因此，可将腕足动物分为有铰纲和无铰纲两大类别。无铰纲腕足动物的壳形很简单，基本都是椭圆形；有铰纲腕足动物的壳形就很丰富了，除了椭圆形，还有圆形、半圆形、方形和三角形等，结构也更复杂。很多的腕足动物都进化出壳刺，这些尖刺既起到保护自身的作用，还可以像船锚一样固着在海底以保持平衡，不至于被海流冲走。此外，壳体表面的纹路装饰也是变化多端，成为鉴定腕足动物属种的重要依据。

腕足动物喜欢生活在海底礁石上和泥沙里，它们的主要特征是具有一条很独特的细长肉质柱——肉茎，从腹壳内经腹窗孔伸出，起到固定身体和挖掘洞穴的重要作用。腕足动物的肉茎伸缩灵活，在觅食的时候，壳瓣张开，肉茎伸出，将水中的微生物和食物碎屑滤入口腔；如遇到危险，肉茎收缩，两瓣壳随即闭合，把自己埋进泥沙中躲避伤害。如今还生活在海里的现代腕足动物、著名的"活化石"——舌形贝，仍然沿用着这一生存模式。

作为地球上最古老的动物之一，腕足动物与三叶虫在寒武纪生命大爆发中同时出现，虽然腕足动物笼罩在

精美的腕足动物素描复原图

三叶虫耀眼光环的阴影之下，但是两者都是当时海洋生物类群里以数量称王的物种，而人类的先祖脊索动物在它们面前还只是微不足道的存在。在整个古生代期间，腕足动物都占据着海洋底栖生物的优势地位，它们演化迅速，种类众多，成为当时最重要的无脊椎动物类群之一。目前有明确记录的腕足动物有 3 万多种，其中绝大部分都是化石种类，由此可见腕足动物在地质历史上的繁盛程度。

广西地区的腕足动物化石最早见于寒武系地层中。根据资料记载，东南部的苍梧和藤县一带曾发现一些寒武纪时期腕足动物化石，都是一些很小的个体，数量也很少，如圆货贝、神父贝和小舌形贝等；广西奥陶纪和志留纪时期的腕足动物化石同样发现不多，这是因为在

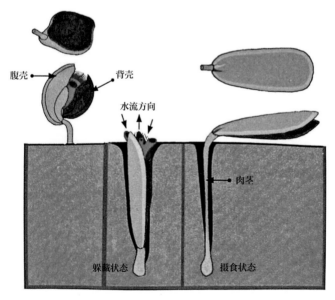

腕足动物生态复原图（摘自韩启德《十万个为什么（第六版）：古生物》）

寒武纪时期腕足动物海底生活场景复原图（包春　绘制）

著名的腕足动物"活
化石"——舌形贝

当时广西整体处于深水海洋环境，作为喜欢待在浅海里的底栖动物，腕足动物自然不适应这样的深海环境，所以留下来的化石非常稀少。

广西寒武纪时期的腕足动物化石比较丰富的地点在靖西果乐。果乐生物群处在温暖的近岸浅海海床环境中，因此各种海洋生物得以兴旺发展。果乐生物群已发现并报道的腕足动物有5种，计有广西伯灵贝、广西芬根伯贝、广西拟共凸贝、靖西古凸贝和小舌形贝等，这些应该是广西最古老的腕足动物了。虽然在果乐生物群发现的腕足动物品种不算多，也比较单调，无法跟生活在同一时期的种类丰富的三叶虫相比，但是保存数量却不少，经常跟三叶虫和其他生物化石混杂堆积在一起。而在果乐野外，能找到的最多的化石基本都是腕足动物和三叶虫这两大类化石。

果乐的这些原始的腕足动物体型都不大，具有钙质外壳，是典型的底栖生物。它们用肉茎固着或平躺在海底，使用壳内的纤毛环来滤食有机质碎屑，安静注视着眼前的喧嚣世界，慢慢地在海床上巩固和扩展着自己的领地，一点点地构建起属于腕足动物的海底王朝。这些小贝壳在三叶虫的主角光环下，默默充当背景音乐演奏者，低声吟唱着腕足动物族群辉煌的序曲，等待着在1亿年后的泥盆纪完成从配角到主角的逆袭。

果乐生物群的腕足动物化石

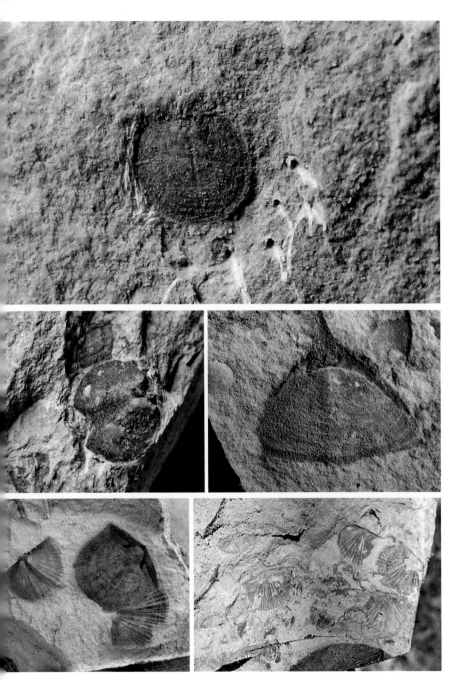

果乐生物群的腕足动物化石

棘皮动物：海中花

  海星、海胆、海参这些棘皮动物的独特模样相信大家都印象深刻。顾名思义，棘皮动物就是外表长满了棘刺的动物，它们的外骨骼发育，身体由若干块大小不同的骨板拼合而成，通常具有腕、萼和茎，身体被不同形态的萼或壳体包裹起来，腕枝和茎由小骨片垒叠而成。例如，海百合就是标准的具备腕、萼、茎的棘皮动物。

  绝大部分的生物门类，包括节肢动物、腕足动物及脊椎动物等，身体形态通常都是左右两侧对称，以更好地适应生活环境，这也是地球生物长期进化探索的合理发展。唯独棘皮动物不走寻常路，这个类群的体态构造和生活方式完全不同于其他生物，既有两侧对称和不对称，也有辐射对称和其他更古怪的身体结构，可谓五花

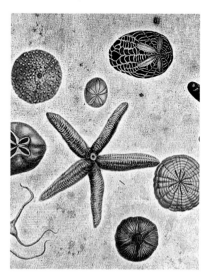

各种棘皮动物艺术复原图（摘自海克尔《自然界的艺术形态》）

八门。形态怪异的棘皮动物绝对算是异类。它们棘瘤遍布的外表、艳丽夸张的色彩和花枝招展的姿态，就如同来自另一个世界的生物。

作为无脊椎动物中的高等类群，现生的棘皮动物计有海胆、海星、海参、海蛇尾和海百合5个纲。而在地质历史时期，有化石记录的棘皮动物竟超过了20个纲，数量之多、形态之奇异，令人咋舌。

在寒武纪时期，就已经出现多个原始棘皮动物类群，并且大多选择底栖固着的滤食生活方式，其中比较有代表性的棘皮动物是始海百合，它跟现生的海百合可不是一个种类，只是外表比较接近，都是具有腕、萼、茎的棘皮动物。始海百合通常有着椭圆形的，呈五辐射对称的萼杯，由多块萼板构成。萼上方绽开如花瓣的数条腕羽，这些腕羽相当于捕捉食物的触手。萼下方则是中空的圆柱形的管状茎，茎末端的盘状固着器把始海百合固定在沙泥质的海底，甚至固定在腕足动物的外壳或三叶虫的背壳碎片上，跟珊瑚喜欢依附在动物壳体或者礁石上很相像，这也是浅海底栖固着动物的特点之一。

动物艺术复原图（摘自海克尔《自然界的艺术形态》）

在广西寒武纪时期靖西果乐生物群中，果乐靖西始海百合就是其中的棘皮动物代表。这种小棘皮动物的数量非常多，经常会群集性地杂乱堆积在很小的范围内，说明它们可能过着群居生活。可以想象，在寒武纪的海床上，繁茂的果乐靖西始海百合"森林"在泥沙质海底，一起随波摇摆着萼杯和细茎，挥舞着柔软修长的腕羽，犹如微型的海洋花园一般，呈现出繁荣兴旺的景象。

需要说明的是，已灭绝的始海百合和它的晚辈——现生的海百合都是真正的动物，可不是花朵，它们只是样子长得像植物而已。始海百合与体形更大、姿态更招摇的海百合在古生代一度繁盛。出现在奥陶纪的海百合延续了棘皮动物族群的兴旺，尤其是在距今2亿多年的中生代，庞大的海百合家族占据了海洋生态系统举足轻重的地位，也是唯一的底栖固着滤食的现生有柄棘皮动物。

跟始海百合这种长得比较正常的棘皮动物相比，果乐生物群中另外一类棘皮动物的长相就非常怪异了，这就是外形有些像蝌蚪的靖西叶果。这种长相古怪的棘皮动物归属于棘皮动物门海扁果亚门海桩纲。海扁果亚门下的棘皮动物普遍骨骼精奇，它们的身体结构不是棘皮动物常有的五辐射对称，也不是两侧对称，换句话说就是没有任何对称模式，这在动物界是相当罕见的。

靖西叶果的模样在海扁果亚门动物里算是比较可爱的，扁平的近圆形的身体拖着一条小尾巴，当地老乡形象地把它们叫作"小苹果"。与果乐靖西始海百合喜欢聚居不同，靖西叶果的化石标本基本都是分散出现，说明了它们应该更喜欢独居生活。靖西叶果的骨骼强度很低，可能具备一定的移动能力，适合生活在平静的水底。

果乐靖西始海百合化石

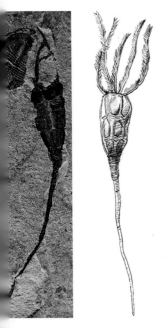

果乐靖西始海百合化石和复原图

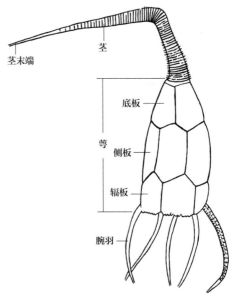

果乐靖西始海百合身体结构示意图（摘自陈贵英、韩乃仁《广西靖西寒武系芙蓉统始海百合一新属》）

中生代时期海百合化石（左）与现生海百合（右）的对比

靖西叶果化石

据研究，它们在幼年时过着范围不大的游移生活，成年以后就基本固定平躺在海底，通过张开的步带摄取水流中的营养物质。

果乐靖西始海百合和靖西叶果都是已知地球上最原始的棘皮动物之一，它们与其他未知棘皮动物，以及三叶虫、笔石动物、腕足动物一起，共同组成了果乐生物群繁荣的大家庭，也为今天的我们留下了5亿年前珍贵的早期地球生命遗迹。这些棘皮动物宛如一朵朵小花，盛开在海底，组成了寒武纪海洋的花园绿洲。

靖西叶果复原图

果乐生物群中的棘皮动物生态复原图（包春　绘制）

牙形动物：奇怪的牙齿之谜

在广西乃至全球各地的古生代和中生代海洋里，曾经存在一种奇怪的生物，它们呈现的化石状态就像不知名动物的牙齿，非常细小，最小的长度不到 1 毫米，最大的长度也不超过 7 毫米，经常跟其他的生物化石混杂在一起。

因为找不到这些牙齿的主人，这种被称为"牙形刺"的微体化石在相当长的时间里都让人们感到困惑不解。实际上，早在 1856 年这类既像牙齿又像刺的化石就被俄国学者潘德尔发现并描述。牙形刺的形状变化多端，有的像一根尖锥刺，有的像一把梳子或钉耙，有的像一个平台，具有凸起齿片和隆脊等构造。牙形刺大量出现在世界各地的寒武纪至三叠纪时期的各种海相沉积岩中，几乎全部都是单个零散地保存在岩石里。

由于缺乏其他化石信息，这类"神龙见首不见尾"的化石真身一直无法确定。于是就有研究者对其外形进行各种创意猜想，尝试还原这种云遮雾罩的动物，如下面这张看上去有点惊悚的假想图。

直到 1983 年，英国古生物学家布里格斯在苏格兰的石炭系早期的地层里找到了牙形刺的躯体化石，人们才得以窥见它们的真容。牙形刺的真身是一种身体类似

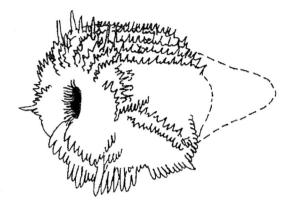

牙形动物外形假想图（摘自夏树芳《中国化石》）

100 微米

100 微米

100 微米

100 微米

牙形刺化石（摘自中国科学院南京地质古生物研究所
《岁月菁华：化石档案与故事》）

鳗鱼的细长的原始脊椎动物，体长数厘米至40厘米不等，
长着一双大眼睛，拥有一条脊索、尾鳍和背鳍。身体结
构表明它们的游泳方式应该类似于现今的鳗鱼，通过甩
动尾鳍，扭动身体呈波浪状前进，而牙形刺就是它们的
牙齿。形态结构复杂的牙形刺就是为了切割和研磨粉碎
猎物而演化出来的利器，证明了牙形动物属于凶猛的海
洋肉食动物。它们四处游动，凭借敏锐的视力追击捕捉
各种小型生物。

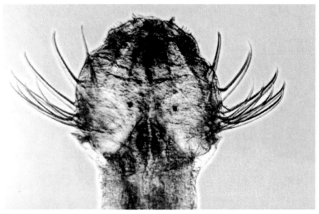

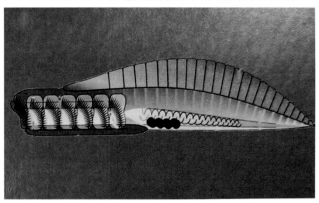

可能具有牙形刺的动物复原图（摘自盖志琨、朱敏《无颌类演化
史与中国化石记录》）

　　由于牙形动物分布广、演化快，特征清晰，在各个地质时期都有不同的种类出现，因此牙形动物跟笔石动物一样，都是生物地层学用来对比的标准化石。从寒武纪到三叠纪时期，神秘的牙形动物在海洋中生存了3.8亿年，足见这类远古生物在物种演化上的成功。

可能具有牙形刺的动物复原图（摘自盖志琨、朱敏《无颌类演化史与中国化石记录》）

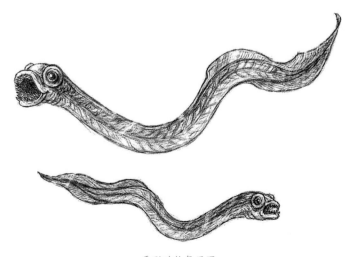

牙形动物复原图

（包春　绘制）

晚古生代：鱼跃海陆

距今 4.1 亿—2.5 亿年的晚古生代由泥盆纪、石炭纪和二叠纪组成。这是一个让人眼花缭乱的生物大发展时代，也是广西史前生物演化最繁盛和丰富多彩的时期——鱼类和菊石出现并快速演化，海洋无脊椎动物继续繁荣兴旺，原始蕨类植物开始点缀在零星的孤岛上。当时地球上最高等的脊椎动物——鱼类开始大量涌现并成功登上了陆地，因此泥盆纪也被称为"鱼类时代"。

由于广西在晚古生代时期整体处于温暖明亮的浅海环境，生物礁发育，优良的生活条件使广西晚古生代时期的海洋里繁衍生息着种类众多的无脊椎动物，包括腕足动物、菊石、三叶虫、海百合、珊瑚、竹节石等，呈现出一个欣欣向荣的远古海洋生命乐园。

除了无脊椎动物化石，广西晚古生界地层中还发现了大量具有重要科研价值的早期脊椎动物鱼类化石，包括无颌类甲胄鱼纲和有颌类盾皮鱼纲、软骨鱼纲、棘鱼纲及硬骨鱼纲等的化石，囊括了泥盆纪时期所有的早期鱼形动物门类，体现了广西丰富的晚古生代鱼类化石资源。

广西生物群是我国发现的第一个泥盆纪古鱼类特异埋藏生物群，大致分布于中部地区和东部地区，其中共生生物有种类丰富的盔甲鱼类、盾皮鱼类和其他有颌鱼类，以及腕足类等无脊椎动物，还有以工蕨、石松类植物为代表的早期植物化石群，生态多样性高、种类独特，集中反映了这些地区早泥盆世低纬度地区温暖湿润的气候条件和相对封闭的古地理条件。

微信 / 抖音扫码

盔甲鱼类：鱼形黎明

距今大约 4.1 亿年，泥盆纪接过了志留纪的传递棒，地球历史正式进入晚古生代时期。作为古生代下半程的首个出场者，泥盆纪是一个轰轰烈烈、百花齐放的生物大发展时期，也是早期脊椎动物大革命的时代——随着节肢动物称霸地球成为历史，无颌的甲胄鱼类迅速崛起并奠定基础，有颌的盾皮鱼类统治海洋，敢为"鱼"先的肉鳍鱼类爬上陆地。而颌的出现与肉鳍鱼类的登陆，代表了脊椎动物进化历程中至关重要的两次"革命"大功告成，同时也宣告了鱼类时代的到来。

鱼类包括所有水生、冷血、用鳃呼吸和自由活动的有头类。它们没有五趾的肢骨，而具有发育的鳍。早期脊椎动物主要是指生活在古生代奥陶纪—志留纪—泥盆纪的无颌类（如骨甲鱼类、异甲鱼类、盔甲鱼类）、有颌类（如盾皮鱼类、棘鱼类、软骨鱼类和硬骨鱼类），以及早期的四足动物（如鱼石螈）等，以鱼类为主。鱼类是最低等的脊椎动物，我们常说的"从鱼到人"就是指脊椎动物由低等向高等演化的过程。

虽然最原始的脊椎动物早在寒武纪就已经出现了，但是在后面相当长的时间里，这些早期鱼类在奇虾和板足鲎等巨型节肢动物统治下的海洋里并没有什么作为，

形形色色、丰富多彩的古生代时期原始鱼类，图中人类为比例对比（杨鸿宇　郑秋旸　绘制，朱幼安　提供）

都还是一些不起眼的小角色。直到距今约 4.4 亿年的奥陶纪末期，地球发生了第一次生物大灭绝事件，致使节肢动物一蹶不振，而曾经"卑微"的鱼类趁机开启了崛起之路，并成功在泥盆纪达到演化的高峰。鱼类繁盛的黎明，由无颌类的甲胄鱼类开启。

甲胄鱼类是一些全身包裹着厚重的骨板、行动笨拙、不善游泳、模样呆萌的小型鱼类。它们最主要的特点就是嘴巴还没有演化出上下颌，脊柱也非常原始。它们的嘴只是一个吸盘，无法咀嚼，没有主动捕食的能力，只能靠滤食海水中的微生物或食物碎屑为生。

一般来说，像这样貌似愚钝的小鱼是很难在危机四伏的海洋里存活下来的，为它们赢得生存竞争的关键是其具备神经系统和运动系统。甲胄鱼类的大脑袋并不是一块简单的骨板，而是配备了各种发达的感觉器官。除了双眼，甲胄鱼类还拥有位于头甲顶部的松果孔，这是它们的第三只眼睛；它们的头甲背面有一套完整的感官系统，这是鱼类动物和两栖动物独有的感知外界的重要器官，并一直延续至今；头部前侧还有一个鼻垂体孔，也就是类似鼻孔的器官，起到感知味觉和嗅觉的作用。有一些甲胄鱼，如骨甲鱼类的头甲表面的一些特定区域布满了非常敏感的神经末梢，相当于神经反射区，能感受周围的轻微震动，这就是脊椎动物听觉器官和触觉器官的雏形。甲胄鱼类复杂的神经系统和内颅构造，是它们得以生存的优势之一。

它们的另一个优势在于运动系统。它们虽然披着笨重的骨甲，游泳能力不强，但是仍然可以在海底四处游动，甚至在关键时刻可以进行短距离冲刺。这是因为甲胄鱼类拥有骨质的脊柱，有一些甲胄鱼还进化出了偶鳍，可以控制身体的平衡，尾部也具有鳍条构成的尾鳍，可以在脊柱的作用下有效地进行左右摆动，划水前进，极大提高了甲胄鱼类的游动速度，为其逃离板足鲎的魔爪争取了逃生的时间。

有了这些在当时非常先进的"硬件装备"护体，甲胄鱼类在志留纪中晚期开始逐渐崛起，并成功在泥盆纪早期兴盛壮大，成为鱼类时代繁荣的奠基者。

甲胄鱼类包括了五个大支系：骨甲鱼类、异甲鱼类、花鳞鱼类、缺甲鱼类和盔甲鱼类。其中，前几个支系分布于欧洲、北美洲和西伯利亚等地，而盔甲鱼类则是中国和越南特有的东亚地区类群。广西是泥盆纪盔甲鱼类化石产出极为丰富的地区，很多种类的化石保存得非常完整，具有很高的科研价值，也是研究地域性极强的盔甲鱼类最重要的地区之一。

跟其他的甲胄鱼类相比，盔甲鱼类有着扁平的头甲，由一整块盾状骨甲包裹着头部背面，并折向腹面形成腹环，头甲后面拖着一条覆盖着细小鳞片的尾巴。它们个体普遍不大，有些盔甲鱼头甲甚至只有人类指甲盖大小，比如产自南宁泥盆系早期地层的盔甲鱼新种类，头甲长宽均在 2 厘米左右；当然也有一些"大块头"，比如产自横州六景早泥盆系地层的角箭甲鱼，其三叉戟形状的头甲长度超过 30 厘米，算是盔甲鱼中的最大者。

绝大部分盔甲鱼类的眼睛都是长在头甲背面或侧面两边；鼻孔位于头甲背面前端，有圆形、椭圆形、心形和长条形等，形状变化丰富；嘴和数目不等的鳃孔则长在头甲腹面。这些特征表明了大部分盔甲鱼类以底栖生

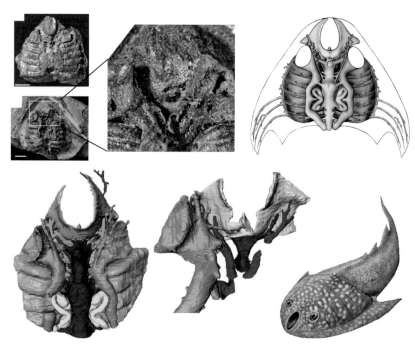

盔甲鱼类曙鱼化石及其脑颅感官系统示意图（盖志琨　提供）

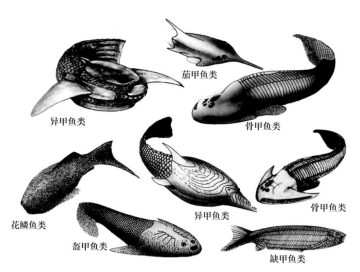

甲胄鱼类复原图（摘自盖志琨、朱敏《无颌类演化史与中国化石记录》）

盔甲鱼新种类的化石

盔甲鱼新种类复原图

角箭甲鱼的复原图

角箭甲鱼的化石

活为主，如产自平乐源头早泥盆系地层的平乐圆盘鱼；也有小部分擅长游泳的盔甲鱼类，如鸭吻鱼科的一些种类，以及最新研究发现的产自金秀桐木泥盆纪早期的九尾狐甲鱼等，流线型的身体和尾部特征说明了它们已具备一定的游泳能力。此外，还有如现代海洋中鳐这样的半穴居生活者，它们将身体埋在海底泥沙中过日子，产自南宁早泥盆系地层的曾氏南宁鱼就是典型代表。而盔甲鱼类的游泳、底栖和穴居这三种栖息方式，证明了这些鱼类动物在泥盆纪早期时已占据了当时海洋中几乎所有的生态位置，也从侧面反映了盔甲鱼类的优势地位。

晚古生代时期的盔甲鱼类（盖志琨 提供）

现代海洋中半穴居生活的鳐

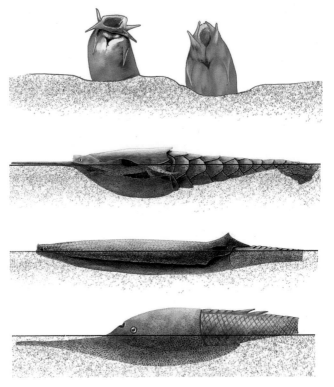

盔甲鱼类不同的栖息方式（盖志琨　提供）

　　盔甲鱼类的形态也是千姿百态，其中以华南鱼类的长相最为怪异。其他类群（如多鳃鱼类和真盔甲鱼类）就是一个圆盘状脑袋，而这些特立独行的华南鱼类在头甲上衍生出很多奇怪的构造，如细长的吻突和向两侧伸出呈展翼状的胸角，外形活像一只飞翔的鸟儿或者一架三叉戟飞机，煞是好看。这些衍生构造很可能是为了适应生活环境的演化结果，如华南鱼类的吻突像一把铲子，可以快速挖掘水底的泥沙，从而比其他底栖的盔甲鱼类更有效率地滤食食物；如同尖刺的吻突也可能起到防御和进攻的作用；如飞鸟翅膀似的展翼状胸角可以起到平衡身体和快速游动的作用。

以剑裂甲鱼、多鳃鱼和曾氏南宁鱼为代表的盔甲鱼类不同的栖息方式（盖志琨　提供）

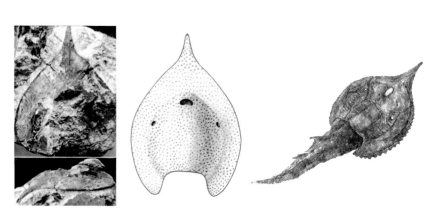

曾氏南宁鱼的化石（左）和复原图（中、右）

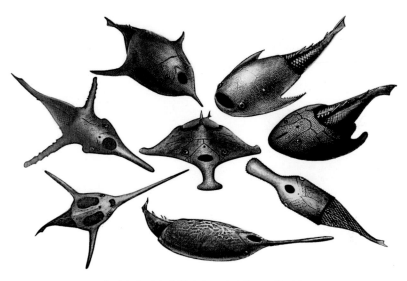

盔甲鱼类形态多样的头甲（盖志琨　提供）

　　盔甲鱼类喜欢生活在海滨或与河口相连的海湾之中，这类以底栖生活为主、迁徙能力不强的原始脊椎动物，为恢复古地理环境提供了重要依据。盔甲鱼类化石记录表明，在距今 4 亿年的泥盆纪时期，华南板块、塔里木板块和华北板块相互之间距离并不遥远，这几个板块彼此靠近，共同组成了精彩纷呈的华夏早期脊椎动物地理区系。

　　在泥盆纪早期的数千万年时间里，以盔甲鱼类为代表的各大无颌类群可谓出尽了风头。在海洋里，种类繁多、数量庞大的无颌甲胄鱼类达到了空前的繁荣。这些原始的鱼类动物是泥盆纪鱼类时代的黎明，是鱼类大狂欢的序曲。到了泥盆纪中期，更具身体优势的有颌鱼类开始称霸海洋，并全面接管了无颌鱼类的生态地位。甲胄鱼类只能无奈地退居幕后，逐渐寥落凋零，最终在泥盆纪结束时画上了休止符。

盾皮鱼类：盾甲巅峰

包括盔甲鱼在内的无颌甲胄鱼类在泥盆纪早期兴盛了近3000万年，在随后的泥盆纪中晚期就渐渐衰落了，取而代之的是种类繁多的有颌类。

从无颌类衍生出来的有颌类包括了四大类群：盾皮鱼类、棘鱼类、软骨鱼类和硬骨鱼类。这些鱼类的共同特点是拥有颌。可以说，颌的出现是生命进化史中的革命性事件，由鳃弓演变过来的上下颌提高了有颌类的咀嚼和捕食功能，从而极大增强了它们的生存竞争能力。有颌类的出现，完全改变了地球生物的演化轨迹。从泥盆纪开始，无脊椎动物的称霸已成明日黄花，装备了双颌的脊椎动物开始跃升为地球生物舞台上的主角，并成为延续至今的绝对王者。

在众多的有颌鱼类中，盾皮鱼纲和棘鱼纲是最早出现的两支有颌类，但它们的演化历程各不相同。棘鱼类种类不多，体形也不大，始终处于食物链底端消费者的地位；而盾皮鱼类则正好相反，以邓氏鱼为代表的它们在泥盆纪盛极一时，繁衍出了形形色色的大小不同的种类，占据了当时海洋生态系统所有的重要位置，并到达了有颌脊椎动物演化史的第一个巅峰。

　　与无颌的甲胄鱼类一样，盾皮鱼类也是身披重甲，头甲和体甲由可以活动的关节相连，并具有胸鳍和腹鳍，具备一定的游泳能力，但大部分成员还是以底栖生活为主。跟志留纪和泥盆纪初期还生活在节肢动物恐怖阴影下的甲胄鱼类不同，配备了强大的杀伤性武器——可以自由开合的上下颌骨及尖牙利齿的盾皮鱼类在出现后不久，就快速终结了无脊椎动物的霸主地位，也顺便将笨拙温善的无颌甲胄鱼类亲戚消灭殆尽。统治地球广阔水域的梦想，最终由盾皮鱼类来完成。

　　最新研究显示，包括人类在内的所有现生有颌类脊椎动物，极有可能是从原始的盾皮鱼类演化而来。在云南曲靖志留系地层中发现的初始全颌鱼与长吻麒麟鱼就是盾皮鱼类的早期代表，它们身上既有盾皮鱼

泥盆纪海洋世界（李荣山　绘制，赵文金　提供）

类的基本特征，又具备了其他有颌鱼类，如硬骨鱼类的构造——就如同有羽毛的恐龙可以证明鸟类起源于恐龙一样，初始全颌鱼与长吻麒麟鱼明确告诉了我们，其他有颌脊椎动物就是从盾皮鱼类直接演化过来的。而早先的主流观点认为，盾皮鱼类与其他有颌鱼类都是独立平行演化的类群，彼此关系不大。现在这种颠覆性的认知对于研究早期鱼类的起源具有重要意义。

盾皮鱼纲是古生代鱼类族群中最为庞杂的一大类，包含了胴甲鱼目、节甲鱼目、瓣甲鱼目、叶鳞鱼目和褶齿鱼目等几个主要类群，多样化程度极高。它们的形态和大小也是变化多端，既有称霸海洋、体长超 10 米的超级巨怪，也有仅数厘米长的、娇小温和的食泥者。在泥盆纪的各大水域里，各种盾皮鱼类占据了所有空间，到处都是它们充满活力的身影。

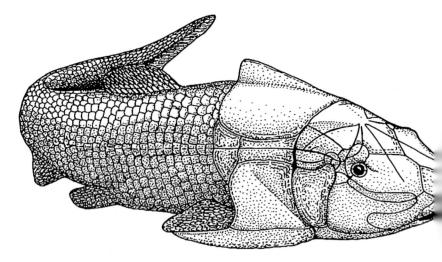

泥盆纪盾皮鱼类复原图（摘自约翰·A. 朗《鱼类的崛起：5 亿年的进化》）

初始全颌鱼（左）与长吻麒麟鱼（右）复原图（朱敏　提供）

在众多的盾皮鱼类成员中，胴甲鱼类和节甲鱼类是最能体现盾皮鱼特点的代表类群。胴甲鱼类基本都是一些体形较小的种类，通常体长在 10～40 厘米。它们都是活动范围不大的温和鱼类，喜欢低调地待在水底，靠采食泥沙里的有机质碎屑和生物残渣为生，过着类似清道夫的生活。

模样怪异的胴甲鱼类外形长得很像乌龟，它们的头和胸部都被坚硬的盒状骨甲覆盖着，身体两侧带着棒状的胸鳍，活像螃蟹的腿，如果不是拖着一条鱼尾巴，还真的很像一只趴在水底的乌龟。早期的欧洲博物学家根据不完整的化石标本推测它们是龟类，甚至张冠李戴地把几种盾皮鱼化石材料综合起来，画成看上去非常怪异的复原图像，直到后来发现了完整的胴甲鱼个体，才意识到它们属于原始鱼类。

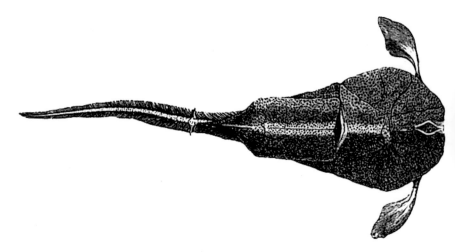

早期博物学家根据盾皮鱼材料所描绘的错误复原图，也被称为"粗糙的图画"，表明当时的人对盾皮鱼类这个族群还没有什么认识（摘自约翰·A.朗《鱼类的崛起：5亿年的进化》）

胴甲鱼类以早泥盆世的云南鱼类为原始代表，也是中国的特有品种，在广西和云南均有发现，其中以计氏云南鱼和秀丽曲靖鱼最为知名，也保存得非常完整。这些原始的小鱼化石为认清胴甲鱼类的后续辐射进化提供了丰富的材料。

另外一种著名的胴甲鱼就是沟鳞鱼，这是一种广布于全球的盾皮鱼类，也是演化最成功的胴甲鱼之一，在全球的泥盆系中晚期地层中都有它们的身影。沟鳞鱼利用螃蟹腿似的强壮胸鳍，既可以挖掘泥沙觅食，也可以像船锚一样把自己固定在水底。沟鳞鱼与其他喜欢底栖生活的懒惰的胴甲鱼类不同，它们具有比较强的迁徙能力，可以从最初生活的浅海沿着与海相通的河口慢慢进入淡水河流湖泊中，并定居下来，成为淡水中最早的鱼类居民之一，这也是沟鳞鱼能遍及全球的重要原因。

广西泥盆系地层的计氏云南鱼化石（左）和秀丽曲靖鱼化石（右）

沟鳞鱼复原图

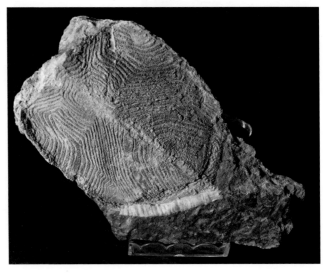

广西泥盆系地层的沟鳞鱼化石

当然，跟弱小的胴甲鱼类相比，节甲鱼类才是泥盆纪有颌鱼类盾皮鱼纲的象征和标志，也是演化最为成功的类群之一。节甲鱼类跟其他体形较小、性格温顺的盾皮鱼类不同，这个族群分异度很高，体形结构差别极大，从泥盆纪早期只有几厘米的原始类型，到后期体形庞大的强悍掠食者，可谓种类繁多、形态各异。

最具代表性的节甲鱼类就是生活在距今 3.6 亿年的晚泥盆世的泰雷尔邓氏鱼，它是每一部古生物纪录片和化石科普书籍里都不能错过的超级明星。这种高度特化的大型猎食性鱼类长 10 米以上，是已知最大的泥盆纪动物，其公共汽车般大小的身体加上强有力的剪刀状上下颌，使其可以在水中翻江倒海，所向披靡；它们张开的大嘴可以吞食当时包括早期鲨鱼在内的任何生物，是泥盆纪真正的海洋霸主。

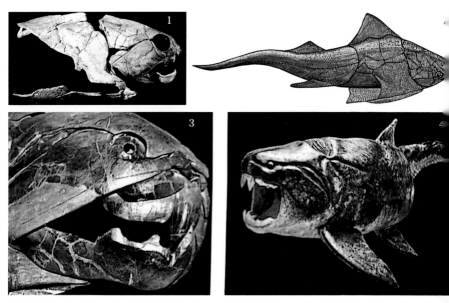

泥盆系地层中的节甲鱼化石（1）和复原图（2、3、4）（摘自约翰·A.朗《鱼类的崛起：年的进化》）

总而言之，盾皮鱼类是古生代鱼类中演化最成功的一支，它们适应环境的能力极强，在整个泥盆纪时期，无论是像乌龟一样大的胴甲鱼类还是像公共汽车一样大的节甲鱼类，无论是在辽阔的海洋还是在江河湖泊，它们都是地球水域的绝对统治者。

以盾皮鱼类为首的早期脊椎动物群落在泥盆纪时期达到了前所未有的鼎盛和繁荣，演化出丰富多样的各种类群。这些形态各异的古鱼或游弋穿梭于大海，或潜卧于水底泥沙，呈现出一片生机勃勃的景象。然而在距今3.6 亿年的泥盆纪末期，地球爆发了第二次生物大灭绝事件，曾经无比兴旺的盾皮鱼类在这场长达 200 万年的灾难中全军覆没，化为地球历史的烟尘。

不过盾皮鱼类的退场，为软骨鱼类和硬骨鱼类留下了广阔的生存空间。这两个类群历经沧桑，绵延发展到今天，成为现代水域的统治者。其中，硬骨鱼类的一支在晚泥盆世爬上了陆地，成为陆生脊椎动物的祖先，这一创举彻底改变了所有海洋生物和陆地生物的命运。

邓氏鱼。这种恐怖巨鱼不仅是盾皮鱼的象征，也是泥盆纪的鱼类图腾，代表了鱼类时代最鼎盛的时期

肉鳍鱼类：登陆之鳍

泥盆纪之所以被称为"鱼类时代"，不仅是因为在这个时期的江河湖海中游荡着的各种各样的鱼类动物，占据了所有水域中最主要的生态位置成为主宰，更是因为有一类勇于探索的先行者离开了熟悉的水体，朝着生活条件更多样化、更具诱惑和更富有挑战的陆地开拓发展，并最终在距今 3.6 亿年左右演化出了包括人类祖先在内的四足动物。这类先行者就是影响后来亿万年的肉鳍鱼类。

在现今所有的水域里，我们看到的鱼，除了小部分为软骨鱼类，如鲨类和鳐类，其他基本上都是硬骨鱼类。现生的脊椎动物有 5 万多种，硬骨鱼类就占了一大半。硬骨鱼类包括辐鳍鱼类和肉鳍鱼类两大类群，其中辐鳍鱼类是最多的现生鱼类，遍布世界上各种水域，如人们平时最常见的鲤鱼、草鱼等。而现生的肉鳍鱼类只有几种肺鱼和著名的矛尾鱼生活在赤道附近的陆地水域或深海中。

然而，对于整个脊椎动物的演化而言，肉鳍鱼类却是一个举足轻重的类群。在距今 4.1 亿—3.6 亿年的泥盆纪时期，地球上最高等的动物就是在水中漫游的各种肉鳍鱼类，其兴盛程度完全不是今天衰败没落、种类寥寥

肉鳍鱼类登陆（摘自盖志琨、朱敏《无颌类演化史与中国化石记录》）

无几的肉鳍鱼类家族所能比拟的。在整个晚古生代时期，肉鳍鱼类不仅在数量和种类上远远超过同一时期的辐鳍鱼类，还演化出了庞大体形的彪悍猎食者，如根齿鱼、含肺鱼和提塔利克鱼等。这些尖牙利齿的巨型肉鳍鱼能与各种盾皮鱼、原始鲨鱼缠斗不休，并且完全不落下风。

与辐鳍鱼类呈细弱辐射状的鳍条不同，肉鳍鱼类连接身体的鳍基部有肉质的柄，内部由中轴骨和强健的肌肉以及若干小骨骼构成，这就是陆生脊椎动物四肢骨骼的最早雏形。这种能支撑身体的骨骼结构，成为肉鳍鱼类可以爬上陆地的先决条件。

肉鳍鱼类包括了腔棘鱼类、肺鱼类和四足形类这三个支系。

腔棘鱼类最经典的种类就是现生的矛尾鱼，它还有另一个好听的名字叫"拉蒂迈鱼"。其发现过程极具故事性，很多的古生物科普文章里也经常提到这种历经岁

晚泥盆世的含肺鱼属于肉鳍鱼类，其生活在距今约 3.6 亿年的北美洲海洋中，重达
2 吨，体长达 5 米，是当时海洋里极其凶悍的猎手。含肺鱼的肉鳍非常发达，拥有
强健的肌肉，可爬上岸捕食生物。它们的鳔已具备在陆地上呼吸的功能，可能开始
向肺演化（摘自约翰·A. 朗《鱼类的崛起：5 亿年的进化》）

现生的肉鳍鱼类，大名鼎鼎的"活化石"矛尾鱼的标本。它长着肉乎乎的偶鳍，
任何一个吃过鱼的人都知道鱼鳍是无肉可吃的，当你看到了矛尾鱼，你的看法
会改变的（摘自约翰·A. 朗《鱼类的崛起：5 亿年的进化》）

辐鳍鱼类的鳍条特写

现生肉鳍鱼类的胸鳍特写

月沧桑的鱼类。虽然现在还活在深海里的腔棘鱼只有
2个种类，但是它们的祖先在古生代和中生代时期分布
广泛、种类繁多，是当时的鱼类"大户"。只是到了白
垩纪末期，这个类群似乎跟恐龙一起灭绝了，直到1938
年，渔民在非洲南部附近的海里意外捕获了一条活着的
腔棘鱼，人们才意识到这个古老的孑遗类群还在延续着
它们的传奇故事。

　　已知现生的肺鱼有6种，即非洲肺鱼4种、澳洲肺
鱼1种和美洲肺鱼1种。这类鱼最大的特点是具备鳃，
还有肺状的鳔，这种不同于其他鱼类的特殊器官可以让
肺鱼呼吸空气。在枯水季节来临时，非洲肺鱼就可以钻
进潮湿的泥土里，用身体分泌的黏液胶结泥土，形成一
个可以保持湿润的泥茧，在度过一段干旱时间后，等待
雨季的到来。这段时间里，非洲肺鱼完全依靠肺进行呼
吸以维持生命。

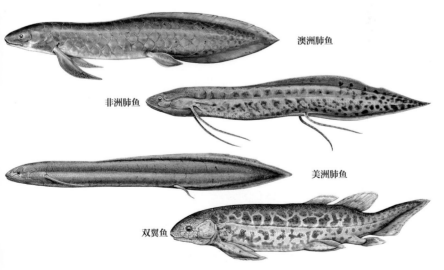

澳洲肺鱼

非洲肺鱼

美洲肺鱼

双翼鱼

3种现生肺鱼与已灭绝的泥盆纪肺鱼双翼鱼的形态对比（乔妾　提供）

典型的肺鱼拥有非常独特的腭部齿板结构，齿板上具有如同玉米粒一样的齿突，不适合切割撕咬，却非常适用于研磨压碎贝壳和甲壳这样的坚硬食物。摄食这类食物证明了它们生活在水陆交界地带。有趣的是，泥盆纪的肺鱼和现代肺鱼的齿板形态非常接近，说明肺鱼从一出现就始终保持着这样的生活方式。

肺鱼类最早出现在泥盆纪初期，在泥盆纪就已十分繁荣，并演化出众多不同的属种。人们从 1811 年开始研究肺鱼化石，至今已经发现和记录了约 80 属 250 种肺鱼化石，有近 50 属发现于泥盆系地层中。其中，大名鼎鼎的杨氏鱼和奇异鱼是非常重要的早期肺鱼，产自云南和广西的早泥盆系地层中。我国著名古生物学家张弥曼院士依据杨氏鱼的材料进行深入研究，提出了陆生四足动物是由肺鱼演化而来的观点，从而否定了先前认为四足动物是由其他肉鳍鱼类演变进化过来的传统观点。该观点在古生物学界乃至整个生物学界引起了极大的轰动，时至今日这一观点仍在激烈争论当中。据此，我们也看到了肺鱼这个类群在早期脊椎动物演化中的重要地位。

广西境内广泛分布的泥盆系地层保存了包括肺鱼在内的大量肉鳍鱼类化石。除了杨氏鱼和奇异鱼，近年研究发表的产自南宁五合早泥盆系地层中的曾氏卡思尔斯喙鱼也是广西古生代肺鱼化石的重要发现之一。

这类距今 4 亿年的早期肺鱼的发现，揭示了我国华南板块与澳大利亚板块在早泥盆世埃姆斯期存在着密切的古地理联系，印证了我国南方是肉鳍鱼类起源与演化中心的假说。喙肺鱼科是原始的泥盆纪肺鱼类，其典型

广西泥盆纪肺鱼齿板化石

肺鱼复原图

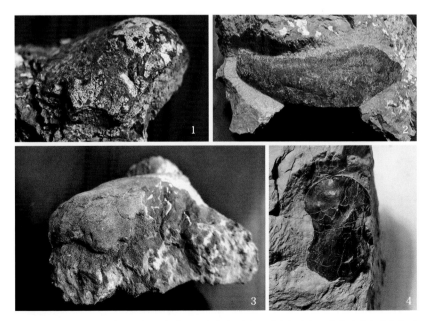

广西泥盆纪杨氏鱼化石（1～3）和奇异鱼化石（4），这两种鱼都是大名鼎鼎的早期肺鱼类型

代表包括喙肺鱼、卡思尔斯喙鱼和洞岛鱼等，它们在之前均只出现在澳大利亚，被认为是澳大利亚的特有属种。而广西发现的曾氏卡思尔斯喙鱼标本与卡思尔斯喙鱼属的模式种在齿质、齿列和腹侧联合面上都极为相似，可以归入卡思尔斯喙鱼属。曾氏卡思尔斯喙鱼也成为喙肺鱼科在澳大利亚以外的地区发现的确切证据，对认识和复原泥盆纪华南板块古地理具有积极的意义。

除了腔棘鱼类和肺鱼类，四足形类动物也是肉鳍鱼家族的重要组成部分。虽然目前学术界的主流观点认为肺鱼类更接近最早登陆的脊椎动物祖先，但是处于主干上的四足形类，如骨鳞鱼类、孔鳞鱼类和真掌鳍鱼类，以及前面提到的含肺鱼和根齿鱼这些庞然大物，它们那支撑胸鳍和腹鳍的内骨骼结构已经开始朝着早期四足动物的四肢方向发展了。换句话说，四足形类的特征要比肺鱼类的更加接近四足动物，而肺鱼和腔棘鱼很有可能是从鱼类到陆生脊椎动物演化主干上偏离出去的支系。可能是因为属于四足形类的鱼形动物全部灭绝了，所以研究者对这类肉鳍鱼的认识还是不够清晰。

云南和广西是世界上早期肉鳍鱼类化石最重要的两个产地。近年来，我国学者对这两个地方找到的迄今为止最原始的肉鳍鱼类——斑鳞鱼化石进行了详细研究。结果显示，这种古老鱼类身上兼具肉鳍鱼类和辐鳍鱼类的结构特征，保留了众多硬骨鱼类祖先的特点，证明斑鳞鱼处于从鱼类到两栖类最终到人类的物种演化主干线上，这或许可以为人们梳理肉鳍鱼类与四足动物的相互关系提供重要启示。

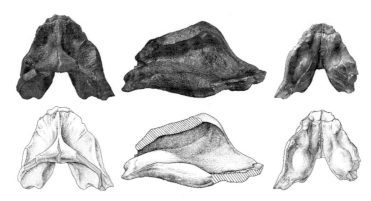

曾氏卡思尔斯喙鱼下颌齿板化石各面视（上）及素描图（下）（乔妥　提供）

广西的斑鳞鱼下颌化石（左）与鳞列化石（右）

斑鳞鱼、杨氏鱼与其他早期鱼类复原图（Brian Choo　绘制，赵文金　提供）

菊石：古海轻舟

　　软体动物门包括了相当多的动物类群，如腹足动物、双壳动物和头足动物等，无论是在种类上还是在数量上，软体动物都是仅次于节肢动物的庞大无脊椎动物群落。人们熟悉的乌贼、章鱼和有活化石之称的鹦鹉螺，就是现生的头足动物代表。

　　而在遥远的古生代和中生代时期的海洋中，还有一类更为著名的头足动物——菊石。这类远古精灵初现于距今4亿多年的泥盆纪早期，随后迅速繁盛壮大，纵横海洋3.5亿年，演化出无数形态、结构多样的经典种类，最后在白垩纪末期与地球统治者恐龙一起走向灭绝。

　　之所以叫作"菊石"，是因为它们的壳体上通常生长有类似菊花的纹饰。研究表明，菊石是由一种直壳的杆石动物演变而来。在持续不断的演化过程中，菊石的外壳逐渐弯曲，最终绝大部分都变成了包卷紧密的壳体。而这种由直壳"掰弯"变成卷曲壳的优势是可以加快移动速度——随着壳体盘旋程度的增加，菊石对身体和行动的控制力也显著增强，游泳速度的优势也愈发明显。

　　菊石能在大海里自由驰骋，与其精密的壳体结构有着重要关系。菊石壳体由原壳、气室和住室3个部分组

精美的菊石复原图

成。菊石壳体内部被分隔成独立的气室，为菊石游动提供浮力。而它们的软体部分居住在最靠近螺口的体室内，平时触手伸出壳外觅食，遇到危险则缩入壳中，并封闭口盖以保护软体。此外，菊石体管房室的隔壁与外壳的连接线叫作缝合线，它的形态是菊石至关重要的分类标志——可以提供不同时期各种菊石的演化趋势和亲缘关系等信息。菊石缝合线的演化过程由简单到复杂，缝合线越简单的菊石越原始，缝合线越复杂的菊石出现的时间就越晚。

广西最古老的菊石出现在南丹罗富茫茫群山中的泥盆系地层里，这里的菊石同时也是地球上最原始的菊石生物群之一。这些早–中泥盆世的菊石种类丰富，分异度高，更重要的是体现出早期菊石缝合线类型的基本特征，是研究原始菊石演化不可或缺的基础材料。南丹罗富早泥盆世的松卷菊石的外壳结构比较松散，卷曲的各轮环之间彼此互不接触，处于最原始的松卷状态，还保持着它的祖先杆石动物的一些特性。与壳体完全包卷的中生代时期包卷紧密的菊石截然不同，其很可能代表了

广西南丹罗富早泥盆系地层中的松卷菊石（左）与中生代时期包卷紧密的菊石（右）形成鲜明对比

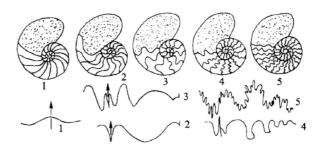

鹦鹉螺与菊石的缝合线形状对比。从左到右依次为鹦鹉螺型、无棱菊石型、棱菊石型、齿菊石型和菊石型。

鹦鹉螺（左）和菊石（右）的缝合线示意图

南丹罗富泥盆纪时期菊石生物群生活场景复原图（包春　绘制）

由直壳杆石向着旋卷菊石过渡的原始阶段。松卷菊石既具备了菊石的基本特征，又保持了一定的直壳头足动物的形态构造，为研究菊石的演化提供了重要的资料。

菊石自距今 4 亿年的泥盆纪时期出现，很快就适应了各种海洋环境。在当时，大大小小、不同形状的菊石宛如星星点点的轻舟，自由游弋在辽阔的海洋里。这些菊石与同样兴盛的早期鱼类一起，共同组成了泥盆纪海洋动物的新面貌。而在此后几亿年时间里，菊石后辈们还将进化出更为华丽的缝合线和更加奇妙的形态，继续畅游在各个时期的古海洋中。

广西南丹罗富的泥盆纪菊石化石

广西南丹罗富野外景观（1）及其中的泥盆纪菊石化石（2～4）

三叶虫：落日余晖

延续了 5000 多万年的寒武纪最重要的标志性生物之一就是三叶虫。作为寒武纪大爆发时出现的元老级别节肢动物，三叶虫在度过了寒武纪和奥陶纪近 1 亿年的黄金时期后，挺过了奥陶纪末期生物大灭绝，但整个三叶虫家族已元气大伤，数量锐减，种类也减少了一半以上。板足鲎迅速崛起，脊椎动物甲胄鱼类大量出现，这些天敌的逼迫竞争使得曾经风光无限的三叶虫日益衰落。

时间来到了距今 4 亿多年的晚古生代泥盆纪时期，三叶虫这个原始的生物门类已经沦为了海洋生物类群中无足轻重的小角色。为求得生存，仅存的几类泥盆纪三叶虫在演化上走向了两个极端。

一类三叶虫为了防御捕食者的攻击而进化出了各种奇形怪状的身体构造，如夸张的棘瘤和棘刺等，众多产自摩洛哥的泥盆纪三叶虫就是这类典型。有的三叶虫进化出了复眼构造，如广西南丹罗富泥盆系地层中的镜眼虫，就是标准的复眼三叶虫。它们拥有由成百上千个小眼睛聚合而成

摩洛哥泥盆纪三叶虫，身体上各种棘刺可谓"武装到了牙齿

的复眼，可以敏锐观察到视域内所有物体的一举一动，这极大地提高了三叶虫的生存概率。而这种成功的身体结构功能也被很多现代节肢动物，如苍蝇和蝉等继承下来。有的三叶虫加强了将身体蜷曲成球状的技能，以保护柔软的腹部。早在奥陶纪时期，一些三叶虫就已具备这种防卫手段。但到了泥盆纪和石炭纪时期，当危险来临时，更加快速地蜷曲身体成了几乎所有三叶虫必备的生存技能。同复眼构造一样，现代的节肢动物，如西瓜虫和球马陆等同样继承了蜷成球状的技能。

广西镜眼虫的复眼特写

广西三叶虫的蜷曲状态

与前者浮夸的构造特化形态相比，另外一类三叶虫则选择了最普通的身体形态，老老实实地待在海底淤泥里过日子，如蚜头虫。这类看似平淡无奇的三叶虫，却成为三叶虫家族最后的孑遗。它们熬过了距今 3.5 亿年的泥盆纪生物大灭绝事件，在其他三叶虫类群均已消亡的情况下，孤独的蚜头虫在石炭纪和二叠纪的海洋中，继续顽强生存了 1 亿年，直到距今 2.5 亿年的二叠纪末期生物大灭绝才彻底消失。古老沧桑的三叶虫犹如一曲古生代的挽歌，逐渐走到了演化的终点。

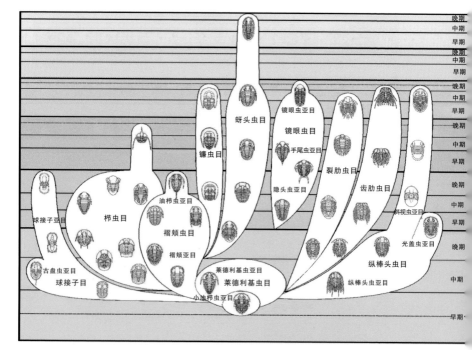

三叶虫纲 10 个不同类群的地史生存记录。可见蚜头虫目是目前发现的唯一存在于石炭纪和二叠纪时期的三叶虫种类

的泥盆纪蚜头虫化石。
面长满棘刺、极尽身体
张扬之能事的三叶虫相
这类三叶虫表面毫无看
但却是朴实无华的它们
到了最后

广西的晚古生代三叶虫以泥盆纪时期比较突出，在全区各地均有分布，石炭纪和二叠纪时期仅有零星发现。目前已知南丹罗富的泥盆系地层中保存着数量繁多、种类丰富的三叶虫化石，其中最为常见的是著名的越南沟通虫、边眼虫和镜眼虫类。有意思的是，由于南丹罗富在当时处于深海中，这些生活在深水幽暗环境里的三叶虫要么通过增强眼睛视力，用如探照灯一般的复眼巡视周围的一切，如前面提到的广西镜眼虫；要么像南丹边眼虫这样，眼睛因无用武之地而退化缩小并向头部边侧移动；而越南沟通虫干脆连眼睛也不要了，彻底变成了盲虫——这种现象跟现在的洞穴盲鱼是非常相似的，反映了生活环境对生物的巨大影响。

广西泥盆纪三叶虫化石

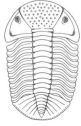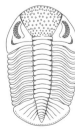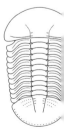

广西南丹罗富几种代表性泥盆纪三叶虫
化石与复原线描图（纵瑞文 提供）

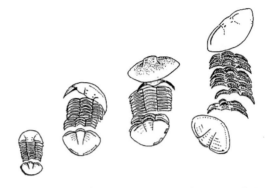

越南沟通虫的蜕壳过程示意图（摘自韩乃仁、陈贵英
《广西南丹中泥盆世三叶虫 Ductina 的蜕壳》）

广西南丹罗富泥盆系地层剖面的岩层里经常可以看到三叶虫蜕下
的壳形成的化石，说明当时宁静且水流滞缓的深水环境有利于三
叶虫蜕壳标本的保存。蜕皮换壳是节肢动物生长发育过程中重要
的生命活动方式

　　三叶虫虽然已经在地球上消失了 2 亿多年，但是它
们的神奇形态和无穷魅力始终都是人们心目中的古生物
明星和化石宠儿。它们留下的无数精彩的化石让我们有
幸窥见三叶虫王国曾经的显赫和辉煌。

双壳动物：潜伏者

　　广西沿海，人们对牡蛎、扇贝和蛤这样的海鲜美食并不陌生。这些有着丰富营养的贝类就是双壳动物。现在海洋里和淡水中生活的双壳动物超过了 1 万种，属于非常兴旺的软体动物类群。在地质历史时期，双壳动物种类繁多，适应力极强，它们从寒武纪开始出现，并一直发展下来。

　　双壳动物曾拥有很多名称，如因成对的鳃是瓣状的而被称为瓣鳃类；又因行走的肉足发达且形似斧而被称为斧足类；还有因不见头部而被命名为无头类……各种叫法五花八门，不一而足。现在统一称之为双壳动物，是因其身体被两瓣壳包裹起来。

　　双壳动物是比较典型的生活在浅水水域的底栖生物类群。虽然有小部分的双壳动物具备一定的游泳能力，如扇贝能通过扇动 2 片贝壳逃脱捕食者的追捕，但是绝大部分的双壳动物都是利用它们肌肉发达的斧足，如同斧子一样进行掘沙挖洞，将身体埋进泥沙内，过着潜伏式的底栖滤食生活。

双壳动物常常成为餐桌上的佳肴美味

广西泥盆纪时期的双壳动物生活场景复原图（包春　绘制）

广西古生代泥盆纪时期的双壳动物化石

跟笔石动物、牙形刺和菊石这些演化迅速的生物不同，整个双壳动物类群5亿多年来基本处于一种缓慢分化的状态。双壳动物的演化历程更像是运动员在慢跑，始终以低速稳定向前，而非那些疾驰而过者——这是一种根据环境而确定的合理生存策略，事实也证明了双壳动物的演化选择是正确的。它们目睹了无数匆匆忙忙飞速发展又很快消亡的生物类群。

广西的双壳动物化石广泛分布于各个地质历史时期，无论是在古生界、中生界还是在新生界的地层中，都有保存完整、种类丰富的双壳动物化石发现。特别是在古生代的泥盆纪时期和中生代的三叠纪时期，双壳动物化石种类众多、特征明显，具有比较重要的研究意义和一定的观赏价值。而在整个古生代期间，虽然与双壳动物处于同一生态位置的腕足动物处于底栖贝类的统治地位，但是双壳动物在夹缝中顽强生存，以水底泥沙层为根据地稳定发展。时至今日，腕足动物已衰落不堪，而双壳动物却始终在海洋和淡水水域的底栖生态系统中牢牢占据着一席之地。

广西中生代三叠纪时期的双壳动物化石

广西新生代时期的双壳动物化石

腕足动物：底栖之王

距今 4 亿多年的古生代泥盆系地层，不仅是广西分布最广泛的层位，也是中国海相泥盆系标准剖面所在地层。广西壮美清秀的喀斯特地貌相当一部分是泥盆纪时期海洋沉积的产物。广西富饶的泥盆纪海洋是远古生命繁衍生息的摇篮，在数千万年时间里呈现了精彩纷呈的海底生物世界。如果我们在野外观察这些泥盆纪岩层，估计看到最多的生物遗迹就是腕足动物化石。这些远古贝类既是泥盆纪海洋底栖生物的象征，也是广西的古动物名片之一。

虽然现代海洋里的腕足动物家庭早已式微，无论是在种类上还是在数量上都很少，但是在广西乃至整个华南地区的古生代海洋中分布最广、数量最多的底栖动物，非腕足动物莫属。古老的腕足动物早在寒武纪大爆发时期就已出现了，当时它们还是一些比较原始、结构简单的小型动物，如广西果乐寒武纪生物群中的腕足动物。尽管当时占据主导地位的底栖动物是三叶虫，但是腕足动物一直在默默发展，在奥陶纪时期就已经在数量上超越了三叶虫。而到了泥盆纪时期，属于腕足动物的辉煌时代便来临了。

泥盆纪时期的地球上首次出现了大范围的珊瑚礁，

密密麻麻堆积在一起的泥盆纪腕足动物化石

广西整体处于水质清澈、温暖明亮的浅海环境下，这些优良的环境条件为腕足动物和其他底栖生物带来了生命的春天。腕足动物得天独厚的底栖优势使其在浅海生态位的竞争中脱颖而出，迅速繁盛壮大，很快就成为当之无愧的底栖动物之王。

距今约 3.9 亿年的泥盆纪早期横州六景郁江组时期，是广西古生代腕足动物发展的巅峰时期。如郁江组中著名的"东京石燕"动物群，不仅是泥盆纪海洋生物的重要标志，更是广西泥盆纪浅海世界的典型代表。

"东京石燕"动物群以富含腕足动物东京喙石燕和双腹扭形贝为主要特征，并以与其他独具特色、丰富多

广西横州六景剖面石燕标志碑（左）和山水风光（右）

广西横州六景剖面的腕足动物化石

样的腕足类属种共生而闻名于世。东京喙石燕最早是由法国古生物学家满苏（Mansuy）根据 1908 年在越南早泥盆系地层中发现的材料命名的腕足化石种类，后来随着更多的共生腕足类属种被记载，这个化石群被称为"东京石燕"动物群。该动物群广泛分布于广西，特别是六景—南宁一带，以及云南东南部和越南东北部等地区。其中的腕足动物有上百种，数量众多并具代表性的种类除前面提到的东京喙石燕和双腹扭形贝外，还有全形贝科、扭月贝目、戟贝科、五房贝科、小嘴贝目、无洞贝科、无窗贝科、穿孔贝目，以及无铰纲的舌形贝科与髑髅贝科等。其中，以大量的石燕超科和齿扭贝超科为特点，它们的生态类型以体形较大、两侧翼展宽及壳体较为扁

石燕是古生代腕足动物的代表，最早出现在距今约 4.5 亿年的奥陶纪晚期，在距今 4 亿年的泥盆纪发展迅猛，种类繁多。石燕至中生代开始衰落，最终绝灭于晚侏罗世，总共生存了大约 3 亿年之久

广西"东京石燕"动物群中的腕足动物化石

广西"东京石燕"动物群中的腕足动物化石

薄为主，壳饰丰富，反映了这些腕足动物适合在较动荡的浅水生物礁附近以软质沙泥或灰泥为基底的浅海环境中生活。

与"东京石燕"动物群共同生活的其他浅海生物同样丰富多彩。广西海域宽阔、水质清澈、阳光和氧气充分、生物礁发育、食物充足，如此优良的生活环境使得各种海洋生物蓬勃发展并极度繁盛。以床板珊瑚、四射珊瑚、苔藓虫、层孔虫、头足动物、腹足动物、三叶虫、海百合、鱼类等生物为优势物种，它们与大量的腕足动物组成了一个多门类、多属种和个体密度极大的海洋生物群落。

在广西野外寻找腕足动物化石，特别是泥盆系地层里的石燕，是一件很轻松的事情。在横州六景镇铁路沿线两侧由泥盆纪郁江组灰黄色泥岩构成的低缓山坡上，随处可见大量的石燕和其他腕足动物的化石。因雨水的冲刷和长期的风化，这些化石脱离围岩，绝大部分以完整个体的形式暴露在地表。有些地方的石燕和珊瑚化石甚至堆积成层，数不胜数，根本不用挖，直接捡就行，无须花费太多时间就能获得大批完整、立体的标本，可以说是俯首即拾。在这样的地方采集化石，没有劳累和辛苦，只有无穷的惊喜和乐趣，充分满足了采集者的探索欲望和好奇心。

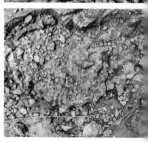

广西横州六景泥盆系地层（上郁江组的腕足动物化石（中、

广西横州六景泥盆纪郁江组的腕足动物化石

广西泥盆纪时期腕足动物生活场景复原图（包春　绘制）

珊瑚：海底城堡建造者

　　蔚蓝的海洋占据了地球表面 70% 以上的面积，地球也因此被称为"蓝色星球"。海洋孕育了无数的地球生命，而构成海洋生态系统中最具活力、最多样化，也最绚丽多彩的部分就是浅海珊瑚礁。几亿年来，以珊瑚为主力的造礁生物一直默默为各个时代的浅海生物提供安全舒适的栖息地和庇护所，用它们的躯体在海洋中构建起了千姿百态、生机盎然的水下城堡。

　　人们熟悉的珊瑚在分类上属于刺胞动物门（过去叫

美丽富饶的浅海珊瑚礁，是无数海洋生物的海底乐园

作腔肠动物）珊瑚纲。虽然像水母和水螅这样的古老刺胞动物早在寒武纪之前就已出现在海洋里，但是这些胶状动物缺乏硬体结构，很难形成化石。而在当时，构筑起海底礁岩森林的动物主要以叠层石和古杯动物为主。直到距今 4 亿多年的奥陶纪中期，可以分泌出石灰质碳酸钙组成坚硬骨骼的珊瑚异军突起并成为造礁主力，才彻底取代了古老的叠层石和其他造礁生物。

几亿年前的古生代珊瑚，看上去与今天海里的珊瑚非常相似，实际上二者之间的亲缘关系十分遥远。珊瑚纲分为四射珊瑚亚纲、床板珊瑚亚纲和六射珊瑚亚纲三大类。无论是在广西还是在其他地方发现的古生代珊瑚化石，都属于早已灭绝的四射珊瑚和床板珊瑚（亦称横板珊瑚）。这两个珊瑚类群始见于奥陶纪，繁盛于泥盆纪，至 2 亿多年前的二叠纪末期消亡。而在现代海洋里看见的珊瑚大多数属于六射珊瑚类，其最早出现在中生代初期的三叠纪，如今全球各地的海底生物岩礁仍是这类珊瑚的天下，它们也是最重要的造礁大军。

无论是已灭绝的珊瑚还是现生珊瑚，都采用典型的底栖固着生活方式，几亿年来没有改变。珊瑚虫软体具有负责消化功能的中央腔（体腔），位于其分泌的外骨骼顶部的腔穴中，顶端口部外围生有一定数量的触手，负责捕捉和滤食海水中的微生物。珊瑚虫通过出芽生殖产生新个体，通过层层累积，外骨骼不断连接融合，于是就产生了各种各样的形态构造。今天看到的珊瑚化石，就是它们的外骨骼部分，其中由单体珊瑚虫分泌的外骨骼称为单体珊瑚，由群体珊瑚虫分泌的外骨骼称为复体珊瑚。而珊瑚虫软体很难保存成为化石。

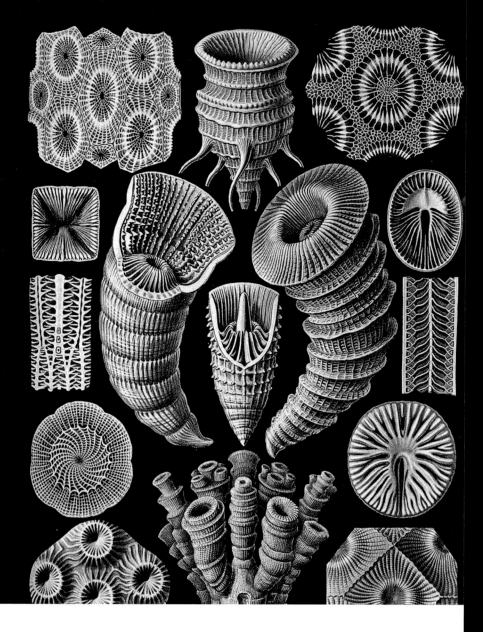

精美的珊瑚复原图

从表面形状上来看，珊瑚长得都非常相似，一般很难区分其种类。通常是通过观察珊瑚外骨骼的横截面及其上分布的放射状隔板的外形和数量，根据所反映出珊瑚虫腔体的内部结构来判断珊瑚的分类。

古生代泥盆纪是包括珊瑚在内的所有底栖生物的黄金时期。各种造礁生物因为良好的浅海环境而达到空前的繁荣。广西的泥盆纪珊瑚化石由四射珊瑚和床板珊瑚组成，种类繁多，在全区各地的泥盆系地层中几乎随处可见。它们的形状从常见的角状、锥柱状、柱状、树枝状、板状、团块状，到相对少见的盘状和拖鞋状等，可谓千姿百态。这些珊瑚就像一座座不同形态的城堡，在海底占地为王，不断扩张各自的地盘，修筑起面积广阔的珊瑚礁床。而各种软体动物、腕足动物、棘皮动物、甲壳动物和鱼类动物也徜徉、栖息于礁丛之间，将珊瑚礁打造成充满活力的生活乐园，使得浅海生态系统得到前所未有的蓬勃发展。

虽然古老的四射珊瑚和床板珊瑚在随后的各种灾变中几经磨难，并最终走向消亡，但是总会有新的珊瑚继任者在前辈的废墟上顽强屹立。今天，以六射珊瑚为基本构架的浅海珊瑚礁依旧是这个蓝色星球上最为富饶美丽的生命宝库之一。

广西石炭纪时期的珊瑚化石

广西泥盆纪珊瑚化石的断面特写

广西泥盆纪时期的各种珊瑚化石

广西泥盆纪时期各种珊瑚生活场景复原图（包春　绘制）

微体生物：大洋中的小生灵

晚古生代包括了泥盆纪、石炭纪和二叠纪 3 个时期，延续时间长达 1.7 亿年。除了前文看到的那些精彩纷呈的神奇动物，在当时的海洋中还生活着大量肉眼难以看到的微小海洋生物（通常化石大小以毫米为单位衡量）。这些看似微不足道的小生命却有着重大意义，它们构成了古生代海洋生态系统和生物链不可缺少的一环，同时也是研究生物演化的重要组成部分。

竹节石

竹节石是一类已经绝灭的以浮游生活为主的海生软体动物。竹节石的壳体很小，长度一般为 1 ～ 10 毫米，大多呈细长的圆锥形，少数为弯锥形。因外壳饰有明显的横环和纵肋纹，呈细密的竹节状，而得名"竹节石"。这类小动物最早见于寒武纪，而泥盆纪是它们的全盛时期。在当时的海洋里，到处漂浮着这样密密麻麻的微型"螺丝钉"。到了泥盆纪结束的时候，竹节石就基本消失了，原因可能与当时海洋中迅速崛起的鱼类和菊石有关。

竹节石广布于世界各地，其中广西是我国泥盆纪竹节石化石发育最好和研究最深入的地区。由于数量巨大，在广西野外的泥盆系地层中经常可以看到不计其数的竹

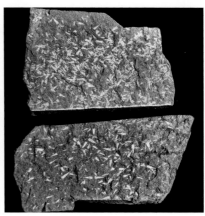

广西泥盆纪的竹节石化石

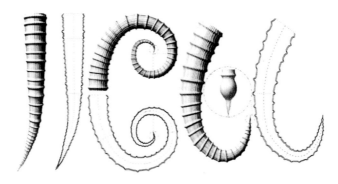

弯锥形竹节石的形态复原图

节石化石铺满整个岩石层面，可以说竹节石化石是泥盆纪最常见的微体化石之一。

牙形刺

牙形刺是一类已灭绝的海洋原始脊椎动物，体细长，形似鳗鱼。牙形动物在早古生代章节中已有较为详细介绍。牙形刺是这类脊椎动物咽部的进食器官，形态变化丰富，也是脊索动物门中最早出现的矿化骨骼。牙形刺化石虽然个体微小，但是数量众多、特征清晰、演化

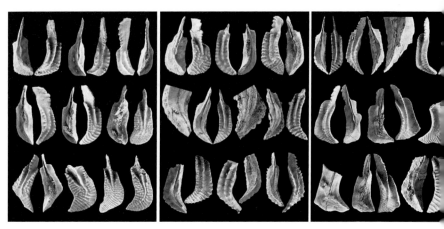

广西晚古生代时期牙形刺化石（卢建锋 提供）

迅速，广泛存在于广西乃至全球各地的海洋沉积中，是各时代地层对比的有效化石，特别在石油和天然气钻孔地层对比的科学研究中，牙形刺化石尤其重要。

放射虫

放射虫是长度为 0.1 ～ 2.5 毫米的海洋微型生物，因其骨骼普遍呈辐射状而得名。放射虫的蛋白质骨骼形状各异，具有球状、海绵状、盘状、锥状和刺状等不同形态，可谓"骨骼精奇"。作为一类终生浮游的单细胞原生生物，放射虫在寒武纪即已出现，广泛分布于各个时代的海洋中，生生不息，至今仍在海洋生态系统中扮演着重要角色。

有孔虫

有孔虫和放射虫一样，也是海生单细胞生物。它们的壳体长度一般在 1 毫米以下，也有长度超过 10 厘米的"巨无霸"有孔虫。有孔虫最早出现于寒武纪的海洋中，历经磨难，一直演化并发展下来。这类原生生物在远古

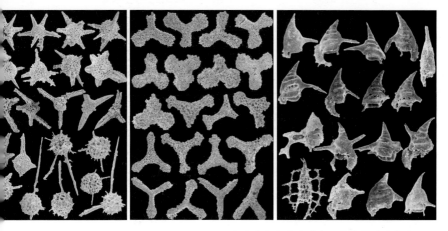

广西晚古生界地层中形态各异的放射虫化石

时期多以底栖生活为主，到了现代则以浮游生活居多。有孔虫的外壳由它们的分泌物胶结其他外来颗粒构筑而成，这种坚硬的钙质包裹壳很容易以化石的形式保存下来，其外形也是千姿百态、精彩纷呈，实属大自然的雕塑艺术。

广西晚古生界地层中含有种类和数量都非常丰富的有孔虫化石，其中柳州碰冲剖面灰岩中的有孔虫化石有着特别的意义。该剖面是晚古生界石炭系维宪阶的全球界线层型剖面和点位，也就是地质学界常说的"金钉子"。柳州碰冲石炭系剖面与来宾蓬莱滩二叠系剖面是目前广西拥有的具有重要科学价值的"金钉子"，也是广西地质学界的荣耀和骄傲。

蜓（tíng）类

蜓属于原生动物门的有孔虫纲，是一类只生存在古生代晚期石炭纪和二叠纪的海洋单细胞生物。这类一般只有米粒大小的古生物，因其形状像纺锤而得名"纺锤

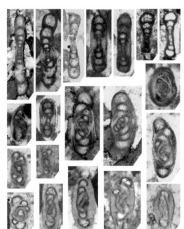

广西柳州碰冲"金钉子"剖面（左）及其产出的有孔虫化石（右）
（摘自沈阳 2016 年博士论文）

有孔虫模型装置艺术展示（傅强　提供）

虫"。最早研究它们的我国著名地质学家李四光先生又因蜓的外形似中国古代纺纱用的筳，专门创造了"蜓"字作为这类动物的名称，意为筳状之虫。蜓壳体小者长度不足1毫米，大者长度可达6厘米，除了纺锤形，还有球形和圆柱形等形状。

晚古生代产出的蜓类化石

蜓虽然是原始的单细胞动物，却有着精细复杂的内部构造，并发育有良好的隔壁和虫室，但从壳体外面看不出特征，因此要了解蜓壳内部结构进行分类，就必须通过磨制壳体切面来研究。蜓最早出现于石炭纪，到了二叠纪末期就彻底灭绝了。在1.2亿年的时间里，蜓演化迅速，曾广泛生活在全世界的海洋中，是当时最重要的微体动物之一，也是划分、对比石炭系和二叠系地层的标准化石。

蜓化石虽然只有米粒大小，但是因为其数量众多、分布密集，加上纺锤形的外形很好辨认，所以风化后往往突出于岩石层面上，用肉眼就可以观察到。平时漫步在江边或公园，或许可以在路边的灰岩假山观赏石上偶遇这些几亿年前的远古小精灵。

苔藓虫

横州六景泥盆系地层中苔藓虫化石

顾名思义，苔藓虫是长得像苔藓植物的动物，是一类营底栖固着生活的群体性生物，自奥陶纪出现就一直生存至今。绝大多数苔藓虫生活在海洋之中，也有极少数生活在江河湖泊淡水中的异类。苔藓虫能分泌甲壳质或钙质外骨骼，形态丰富，呈扇状、树枝状和层状固定依附在浅海海底礁石上，甚至附着在其他海洋动物的壳体上。多数苔藓虫群体的长度在1～10厘米，也有长度在1米以上的个体，是非常重要的海洋造礁生物之一。

层孔虫

　　层孔虫属于多孔动物门中的一个纲，为标准的浅海底栖固着生活的海洋生物。层孔虫出现在奥陶纪早期，至中生代白垩纪绝迹。晚古生代泥盆纪是它们最繁盛的时期，主要生活在热带至亚热带温暖清澈、阳光充足、水动力条件较强的海洋环境中，因此层孔虫化石可以作为泥盆纪浅海沉积环境的标志化石。

广西马山晚古生代的层孔

　　层孔虫最显著的特点就是它们是泥盆纪最重要的造礁生物之一，与当时浅海珊瑚礁的构建发展密切相关。层孔虫群体的骨架被称为共骨，其拥有多种不同的形态，如块状、层状、球状、锥状和透镜状等。在距今 4 亿年的泥盆纪海洋中，层孔虫与珊瑚、苔藓虫等一大批造礁主力共同承担起了为无数海洋生物建设它们赖以生存的海底家园的重任。

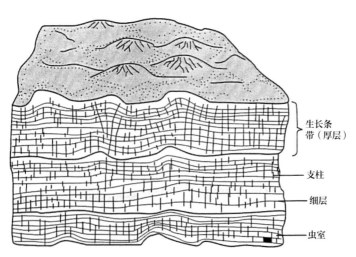

生长条
带（厚层）

支柱

细层

虫室

层孔虫共骨内部生长结构特征。可以看到层孔虫骨骼由连续的波状细层组成，共骨为半球状

介形虫

介形虫是节肢动物门甲壳纲中一个不容忽视的成员，尽管其个体只有长度 0.5～1.5 毫米。甲壳动物种类繁多，人们熟悉的螃蟹、龙虾和藤壶等都是甲壳动物。而肉眼看不见的介形虫却是甲壳动物中一个数量庞大的微体水生生物家族。介形虫的整个外骨骼为两个类似蚌壳的甲壳，壳面光滑或具有各种纹饰，软体被包裹在这两瓣甲壳内。它们自早奥陶世出现并一直繁盛至今，分布于自然界的各类水体当中，多数介形虫的生活方式为底栖爬行，小部分以漂浮、游泳和钻泥挖洞生活为主。

桂林杨堤晚古生界地层剖面

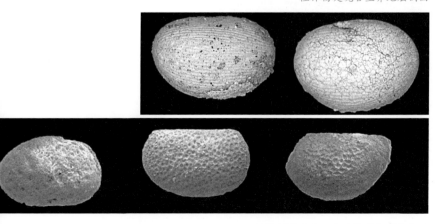

桂林杨堤晚古生代时期的介形虫化石

（霍秀泉　绘制）

中生代·龙行八桂

中生代由三叠纪、侏罗纪和白垩纪组成，从2.5亿年前开始，到6600万年前结束。在三叠纪早期，经历了二叠纪末期史上最大生物灭绝事件后，地球逐渐恢复了元气，一个崭新的中生代生物群开始形成——各种爬行动物迅速繁盛壮大，填补了古生代那些曾经的霸主留下的"真空"，并成为地球新的统治者。它们不仅占据了陆地，还飞向了天空，并重返大海，成为海洋霸主。中生代也因此被称为爬行动物时代，或者叫作恐龙时代。

在三叠纪早期，广西的海洋中遨游着许多海洋爬行动物，如鱼龙和鳍龙等，并且涌现出了大量新的菊石种类。到了三叠纪晚期，广西整体抬升为陆地。到了距今约2亿年的侏罗纪早期，恐龙开始在十万大山一带繁衍生息，之后在八桂大地繁盛兴旺了1亿多年。迄今为止广西已发现的恐龙种类包括蜥脚类恐龙（真蜥脚类、巨龙形类和巨龙类）、兽脚类恐龙（肉食性和鱼食性）、鸟脚类恐龙（禽龙类和鸭嘴龙类）、剑龙类恐龙和角龙类恐龙等，不仅种类繁多，而且地方特色明显，甚至出现了全球稀有的鱼食性恐龙。有些蜥脚类恐龙体形异常庞大，表明广西中生代的恐龙在中国乃至世界都具有重要的演化地位。

赵氏扶绥龙：蜥脚类恐龙中的巨无霸

恐龙是地球历史上出现过的最大的陆地动物。那么谁是体形最大的恐龙呢？当然是蜥脚类恐龙。又是什么原因使得蜥脚类恐龙变得巨型化，从三叠纪晚期最早出现时不足 2 米的体长，发展到侏罗纪时期和白垩纪时期超过 30 米的体长？科学家们研究认为，蜥脚类恐龙的头小、颈长、骨骼广泛气腔化、无咀嚼进食和使用胃石研磨食物的特殊消化系统，对蜥脚类恐龙的巨型化有着至关重要的作用。当然，炎热湿润的气候和丰富的植被环境也是蜥脚类恐龙得以巨型化的先决条件。

蜥脚类恐龙巨型化的第一个巅峰时期是侏罗纪晚期，此时出现了体长接近 30 米、体重超过 20 吨的巨型真蜥脚类恐龙和新蜥脚类恐龙，如中国发现的真蜥脚类中加马门溪龙和鄯善新疆巨龙，北美洲发现的腕龙类高胸腕龙和梁龙类易碎双腔龙等。然而，真正的蜥脚类恐龙巨无霸无疑来自白垩纪的泰坦巨龙类，这是蜥脚类恐龙巨型化的第二个高峰，代表性的恐龙属种有阿根廷白垩纪中晚期的阿根廷龙和巴塔哥巨龙等。这类恐龙体长超过 30 米，体重可达 50 吨，是名副其实的巨无霸。专家认为，白垩纪时期蜥脚类恐龙再次巨型化，可能跟地球在这一时期出现的被子植物有关。

相对而言，亚洲白垩纪时期的巨型蜥脚类恐龙属种较少，发现的材料最完整的巨型蜥脚类当属产自河南晚白垩系早期地层中的巨型汝阳龙。巨型汝阳龙胫骨粗壮，长达 127 厘米，单个背椎椎体直径达 51 厘米，据推测它的身长超过 30 米，体重 50 吨以上。

亚洲产出的另一种巨型蜥脚类恐龙——赵氏扶绥龙产自广西扶绥县的那派盆地，其生活年代为白垩纪早期，比巨型汝阳龙早，距今约 1.2 亿年。赵氏扶绥龙肱骨长达 183 厘米，是迄今为止世界上发现的最长的白垩纪蜥脚类恐龙肱骨，比巴塔哥巨龙的肱骨长 16 厘米，证实了赵氏扶绥龙属于巨型蜥脚类恐龙。另外，它的肠骨长达 145 厘米，也是迄今为止世界上最长的蜥脚类恐龙肠骨。据估计，赵氏扶绥龙体长近 30 米，体重约 40 吨。

那派盆地还发现了另一种蜥脚类恐龙——何氏六榜龙。何氏六榜龙与赵氏扶绥龙生活在同一时期，身长约 18 米，明显比赵氏扶绥龙小了一个等级。

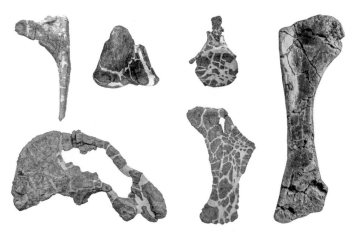

赵氏扶绥龙化石标本

赵氏扶绥龙的发掘现场

赵氏扶绥龙的发现地——扶绥县山圩镇平搞村六榜屯笼草岭

发现恐龙化石后笼草岭成为扶绥县文物保护单位

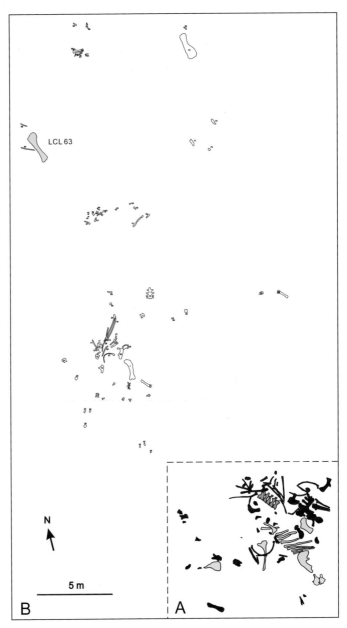

赵氏扶绥龙化石埋藏图。赵氏扶绥龙化石发现地笼草岭经过了 2 次发掘，虚框内为 2001 年第一期发掘，发现了赵氏扶绥龙、何氏六榜龙和一个未成年蜥脚类个体，俗称"一窝三龙"。虚框外为 2016 年第二期发掘，又发现了赵氏扶绥龙的肱骨，以及未成年蜥脚类个体和未成年禽龙类个体。从中我们可以看出广西白垩纪恐龙家族的繁盛程度

赵氏扶绥龙生态复原图

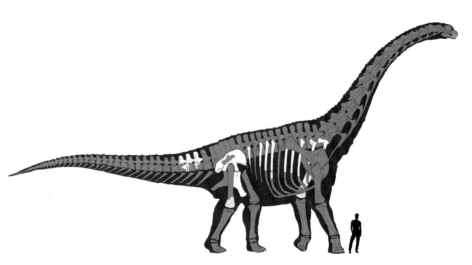

赵氏扶绥龙复原骨架示意图，白色表示现保存于广西自然博物馆的化石

那派盆地发现的巨无霸恐龙——赵氏扶绥龙骨架（展品），陈列
在广西自然博物馆的恐龙园区

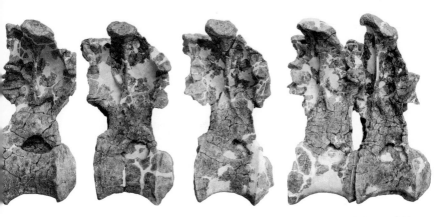

何氏六榜龙 5 节关联的背椎化石

何氏六榜龙的骨架展品

河民六枝龙生态复原图

扶绥中国上龙：会抓鱼的恐龙

　　毫无疑问，中生代的陆地霸主就是恐龙。大多数的恐龙以植物为食，如蜥臀类中的蜥脚类恐龙，鸟臀类中的角龙类恐龙、鸟脚类恐龙和剑龙类恐龙等。而绝大多数兽脚类恐龙为肉食性动物，只有极少数兽脚类恐龙逐渐演变为杂食性恐龙或植食性恐龙，如镰刀龙、窃蛋龙、似鸟龙等。兽脚类恐龙中还有一类恐龙比较特别，它们不仅善于游泳，还经常到水中抓捕鱼类为食，这一类恐龙被称为棘龙类恐龙。

　　棘龙是一类特化的大型兽脚类恐龙，具有修长似鳄鱼状的头骨，牙齿呈圆锥状，牙冠表面发育许多纵向纹饰，这种特征有别于大部分呈匕首状的兽脚类恐龙的牙齿。棘龙科包含了重爪龙亚科和棘龙亚科2个亚科，前者牙齿具有发育的锯齿状结构，而后者牙齿的锯齿状结构则不明显。棘龙科化石主要发现于非洲、欧洲、亚洲、南美洲等地。最早的棘龙科化石发现于非洲坦桑尼亚的晚侏罗世地层中，标本为距今约1.55亿年的一颗重爪龙亚科牙齿化石。

　　棘龙类恐龙的生活方式和现生的鳄鱼、河马类似，是一种过着半水生生活的恐龙。它们是游泳健将，经常会到水里捕食包括鲨鱼在内的各种鱼类，可以说是水中霸王。而棘龙类最独特的部位是背上的神经脊，一些背椎神经脊的高度可接近 2 米，组成非常特殊的帆状物。而这些帆状物的主要功能可能是调节热量、吸引异性或威慑对手等。

亚洲发现的重爪龙亚科化石材料较少，仅有老挝早白垩世地层发现的部分头后骨骼（定名为鱼猎龙）和我国河南发现的一枚牙齿化石标本。

1973 年，广西扶绥县那派盆地发现了许多数厘米长的圆锥状牙齿，定名为扶绥中国上龙，当时在分类上将其归于水生爬行动物的上龙类。2008 年，法国恐龙专家经过重新研究，将扶绥中国上龙鉴定为棘龙类，属大型兽脚类恐龙。这是中国首次发现的棘龙亚科恐龙化石，也是继泰国、日本发现之后，亚洲再次在早白垩世地层中发现棘龙类牙齿化石。

扶绥中国上龙属于半水生爬行动物，是典型的鱼食性恐龙。距今 1 亿年的那派盆地远古湖泊中的鱼类动物群不仅数量多，而且种类丰富。目前已发现的硬骨鱼类化石有 2 种、软骨鱼类化石至少有 6 种。这些具有地域特色的鱼类资源不仅为扶绥中国上龙提供了丰饶的食物资源，也为当时中国南方地区棘龙类恐龙的繁衍生息提供了充足的物质保障。

扶绥中国上龙的牙齿为尖锐的长圆锥状，齿冠发育，有纵向隆崤和凹槽

扶绥中国上龙头骨复原图。根据牙齿的形态特征,重新认定扶绥中国上
龙属于恐龙中的大型棘龙类,而不是最初认为的水生爬行动物蛇颈龙类

那派盆地远古湖泊中的淡水鲨鱼

呈现游泳姿态的扶绥中国上龙复原骨架

扶绥中国上龙生态景观复原图

广西大塘龙：白垩纪的凶猛掠食者

在种类繁多的恐龙大家族中，相比温和优雅的素食类恐龙，最吸引人们注意的无疑是肉食类恐龙。著名的恐龙类电影《侏罗纪公园》中那些形态各异、张牙舞爪的肉食类恐龙给人们留下了难以磨灭的印象。广西是否也有这样的凶猛掠食者呢？答案是肯定的。

2010年9月，广西区域地质调查研究院第三分院在南宁大塘那造村附近开展区域地质调查工作时，在山路边意外发现了部分恐龙骨骼的化石碎片，经研究命名为广西大塘龙。该化石为一段关联保存的腰带骨骼，年代为距今约1.2亿年的白垩纪早期。据估计，广西大塘龙体长约8米，体重约3吨，属于大型肉食类恐龙。它头骨巨大、牙齿锋利、爪子尖锐、四肢发达，奔跑速度快，咬合力惊人，是白垩纪早期最凶残的掠食者。

广西大塘龙的发现，不仅增加了广西白垩纪早期的恐龙种类，也扩大了白垩纪早期肉食类恐龙在亚洲的地理分布范围。亚洲已发现的白垩纪早期大型肉食类恐龙化石包括日本的北谷福井盗龙，泰国的苏瓦提暹罗盗龙，中国的毛儿图鲨鱼齿龙、石油克拉玛依龙、大水沟吉兰泰龙和广西大塘龙等。

在扶绥那派盆地发现了同样是肉食类恐龙的鲨齿龙类牙齿化石，长度为 71 毫米，是迄今为止亚洲地区早白垩世时期最大的兽脚类牙齿化石。根据牙齿大小推测，该兽脚类恐龙的头骨长约 1 米，身长超过 10 米。其与广西大塘龙一样，都是极其凶猛的顶级捕食者。

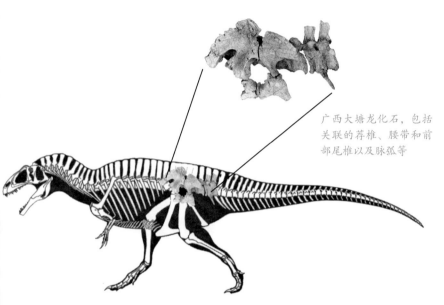

广西大塘龙化石，包括关联的荐椎、腰带和前部尾椎以及脉弧等

广西大塘龙骨架复原图

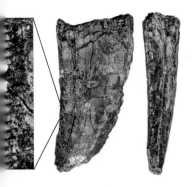

鲨齿龙类牙齿化石

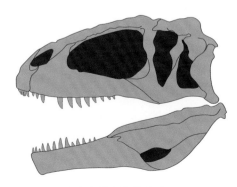

鲨齿龙类头骨复原图

在距今 1.2 亿年的白垩纪，广西气候比较炎热，雨水丰沛，森林植被茂盛，大量的植食性恐龙在此繁衍生息，如大型蜥脚类恐龙——赵氏扶绥龙、何氏六榜龙，以及小型禽龙类恐龙——广西那派龙等。处于食物链顶端的广西大塘龙以捕食这些植食性恐龙为生，主要捕猎体形较小的禽龙类恐龙，偶尔也会围猎个体巨大的蜥脚类恐龙。遇上体形较小的禽龙，广西大塘龙会凭借体形的优势，看准时机快速冲过去，伸出利爪抓住猎物，张开血盆大口，用其锋利的牙齿撕咬并杀死猎物。

当然，广西大塘龙有时候也会遇上另一个强劲的对手——扶绥中国上龙，其属于比较特殊的大型兽脚类恐龙，身长可超过 10 米，嘴里长满了尖利的圆锥状牙齿，主要以河流或者湖泊中的鱼类为食。扶绥中国上龙的领地范围与广西大塘龙不同，前者基本待在水里，后者主要在岸边活动，产生冲突的机会可能比较少。

广西大塘龙化石发现与发掘现场

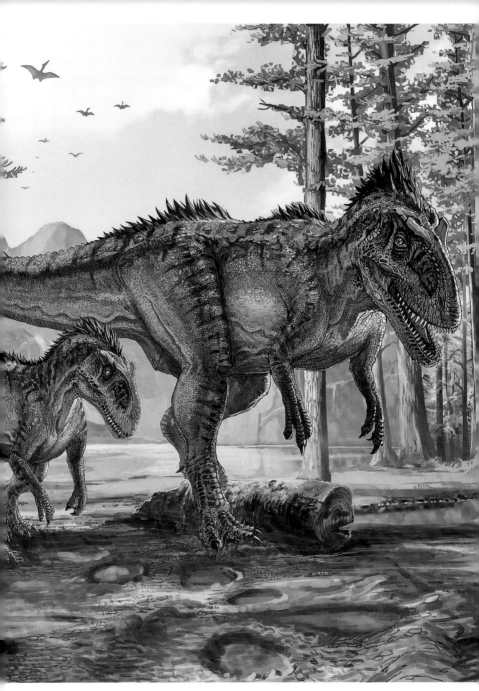

广西大塘龙生态复原图

大石南宁龙：中国南方首个鸭嘴龙类

上下颌宽扁、嘴巴如同鸭子嘴的鸭嘴龙类是一类辨识度很高、进化得非常成功的植食性鸟臀类恐龙。它们在白垩纪早期出现，到白垩纪晚期达到了演化的顶峰。鸭嘴龙类的地理分布几乎是全球性的，除了亚洲、欧洲、南美洲、北美洲和非洲，在极寒地区也有发现，这种超强的适应能力可能与它们具有典型的头部结构和完善的牙齿咀嚼功能有着重要关系。

鸭嘴龙类的头骨较长，满嘴的菱形牙齿如同收割机，可以不停地攫取嫩枝、树叶并将其磨碎。鸭嘴龙类的牙齿跟人类的不同，其牙齿可以终生替换，旧的牙齿磨损后会不断长出新的牙齿。算上替换齿，鸭嘴龙类的牙齿总数可达 2000 颗。鸭嘴龙类后肢粗壮，前肢远弱于后肢，因此大部分时候都是两足行走，尾巴抬起以保持平衡，但偶尔也会四足行走，这种灵活的行走姿态可能有助于它们日常的活动和进食。根据化石埋藏情况分析，鸭嘴龙类可能过着群居的生活。与鸭嘴龙类同期生活的恐龙有三角龙、甲龙和巨龙等，当然还有史上最残暴的掠食者——暴龙。

中国的鸭嘴龙类最早发现于黑龙江，黑龙江满洲龙是中国最早研究命名并装架的恐龙。而中国绝大多数鸭嘴龙类几乎只发现于北方地区，如黑龙江、内蒙古、辽宁、山东、甘肃、河南等地。那么，中国南方有没有鸭嘴龙类呢？

1979年，中国科学院古脊椎动物与古人类研究所恐龙专家董枝明根据一块不完整的恐龙左侧下颌骨化石和相关考古材料，命名了新属新种"南雄小鸭嘴龙"。然而，部分学者认为南雄小鸭嘴龙这一名称不成立，因为其所依据的材料很少，而且是一个幼年个体的材料，缺乏能够做出判断的形态特征。尽管如此，这至少从侧面证明了广东在白垩纪晚期曾经有鸭嘴龙类繁衍生息。除此之外，江西也发现了白垩纪晚期鸭嘴龙类的胚胎化石。

大石南宁龙则是中国南方首个具有确切名称的鸭嘴龙类，发现于1990年广西南宁金陵大石村石火岭。大石南宁龙体长约8米，体重约7吨，属于中等大小的鸭嘴龙类，生活在8000多万年前的白垩纪晚期。大石南宁龙于1994年完成装架并对外展出，是广西第一具装架展示的恐龙。有趣的是，世界上第一具装架的恐龙也是鸭嘴龙类，名为佛克鸭嘴龙，其于1858年发现于美国新泽西州哈登菲尔德镇，于1868年完成装架并首次在费城自然科学院内展出。而中国第一具装架的恐龙同样是鸭嘴龙类（体长约8米），它在1902年由俄国人发现于黑龙江省嘉荫县，1924年装架，1930年定名为黑龙江满洲龙，该骨架标本现存放在俄罗斯圣彼得堡地质博物馆。

广西不仅发现了鸭嘴龙类，还发现了鸭嘴龙类的祖先禽龙类——广西那派龙。广西那派龙生活在白垩纪早期，比大石南宁龙的出现要早4000多万年。

佛克鸭嘴龙骨架标本展示

大石南宁龙的发掘现场

大石南宁龙的修复和装架现场

大石南宁龙骨架展示　　　　大石南宁龙的上颌骨化石（上）和下颌
　　　　　　　　　　　　　　　骨化石（下），恐龙的齿槽约有 26 个

　　禽龙类最早的化石记录为侏罗纪晚期，其发展至白
垩纪早期已达到演化的高峰。除南极洲外，禽龙类化石
在各大洲都有分布。禽龙类也是世界上最早研究命名的
恐龙之一。禽龙类化石最初由英国医生曼特尔于 1822
年在欧洲发现，中国的禽龙类主要分布于北方地区，如
甘肃、内蒙古、河南、辽宁等地，而广西那派龙则是目
前已知的唯一在我国南方发现并命名的禽龙类恐龙。
由此可见，中生代时期广西的恐龙家族成员还是非常
丰富的。

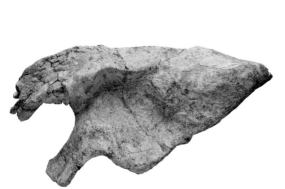

广西那派龙化石（左为肠骨，右为坐骨）

广西那派龙复原图

广西那派龙化石的发掘现场

　　统治地球陆地长达 1.6 亿年的恐龙，在 6600 万年前的白垩纪末期发生的生物集群灭绝事件中遭遇灭顶之灾。恐龙的灭绝同它们的神秘出现一样，很可能是一个无法解开的谜团。不管怎样，曾经生机勃勃的恐龙家族确实永远地从地球上消失了，只留下岩石中的遗骸供人们无尽遐想。恐龙的消亡为一些小型的陆生动物（如哺乳动物）提供了生存发展空间，并迎来了新生代陆生脊椎动物的再度大繁荣。

　　生命的演化历程告诉我们，占据着各个时代食物链顶端的王者动物，实际上却是最脆弱的一环。无论是寒武纪的奇虾、奥陶纪的房角石、志留纪的板足鲎、泥盆纪的盾皮鱼，还是中生代的恐龙，它们都是一个时代的统治者，也注定是这个时代的陪葬者。与这些巨无霸相比，体形小巧灵活的动物往往更能适应环境的变化，也更容易在大灭绝中幸存下来，看到明天的曙光。作为今天地球的统治者，我们人类从这些历史遗留的尘埃里感受到了什么呢？

赵氏扶绥龙

何氏六榜龙

鲨齿龙类

鳄类

禽龙类

棘龙类

广西扶绥县那派盆地白垩纪早期恐龙生活景观

海生爬行动物：桂海龙踪

　　中生代时期除了陆地王者恐龙，三叠纪时期的海洋霸主——海生爬行动物也是广西史前生命中的精彩篇章。在距今2.5亿年的二叠纪末期的一场全球性生物大灭绝之后，形形色色的爬行动物突然出现在了海洋中，并开始了长达1亿多年的海洋生活史。这些史前"海怪"有的在近岸浅海中游泳嬉戏，有的在无尽深海里尽情遨游，享受着丰富的食物和海洋宽阔的空间。

　　中国南方是海生爬行动物化石的重要产地。在距今2亿多年的三叠纪早期，广西的海洋生态环境与贵州、云南的类似。这一时期，鱼龙类和鳍龙类在中国西南部广泛分布，还伴生了极具中生代特色的菊石和鱼类等海洋生物类群。

　　对人们来说，海生爬行动物既熟悉又陌生。现代海洋爬行动物仅有海龟、海蛇和咸水鳄等屈指可数的种类。但是在遥远的中生代，大海里曾巡游着各种形态怪异、大大小小的海生爬行动物，如鱼龙、沧龙和蛇颈龙等，都是大名鼎鼎的史前海生爬行动物的代表。

　　鱼龙也好，蛇颈龙也罢，都是生活在水中的爬行动物，它们跟恐龙没有直接的亲缘关系。海生爬行类不是一个分类学名称，不构成一个单系类群，它们是一个庞大的海生爬行动物大家庭。脊椎动物用了 1 亿多年时间完成了从水生到陆生的进化历程，很多爬行动物却又戏剧性地在三叠纪时期从陆地返回到水中生活。在早三叠世晚期和中三叠世初期，所有的海生爬行类群——鳍龙类、鱼龙类和海龙类等都已在海洋中亮相，并在中三叠世达到演化的高峰。海生爬行类在三叠纪的爆发，是古生代末期生物大灭绝后全球生物复苏和辐射发展的重要组成部分，构成了中生代地球生命辉煌精彩的一幕。

华南三叠纪海生爬行动物生活场景复原图（包春　绘制）

　　三叠纪时期，中国呈现的是南海北陆的古地理格局。华南板块在当时位于古特提斯海的东侧，云南和贵州很多地方处于浅海大陆架和大陆斜坡处，经过了2亿多年漫长的地质变迁，都沉积了厚厚的石灰岩地层，富含种类繁多的海洋生物化石。海域辽阔，海水温暖，优越的生活环境使这里盛产各种海生爬行动物（如鱼龙、鳍龙、海龙、原龙和初龙等）和鱼类，以及众多无脊椎动物，成为理想的海洋生物乐园。

　　广西的三叠纪时期，海生爬行动物化石相对云南、贵州一带要稀少得多，目前已研究发表的仅有2例海生爬行动物化石记录，分别是产自武鸣的东方广西龙和产自隆林的粗壮百色鱼龙，而且都是一些不完整的零散骨架。为什么会出现这样的情况呢？古生物学家赵金科先生在其所著的《广西西部下三叠纪菊石》一书中给出了答案，他认为在三叠纪时期，广西的海洋是非常深的，属于典型的广海海盆环境，距离海岸相当远，尽管可能有岛屿存在，但是岛屿的周围并没有近海生存的生物。这也说明了为什么在地层中一般只能找到浮游类的菊石，而难以发现其他门类的动物化石。

　　产自南宁武鸣邓柳村的东方广西龙是1959年我国著名古生物学家杨钟健先生研究发表并命名的，也是广西发现的第一块三叠纪海生爬行动物化石。由于当时对这块化石的地层位置和年代信息的认识比较模糊，因此该化石一直被认为是三叠纪早期的产物。2014年，中国科学院古脊椎动物与古人类研究所的专家在实地考察东方广西龙的产地后，根据同地层保存的大量生活于三叠纪中期的巴拉顿菊石和前粗菊石等生物化石，并以含东方广西龙层位之上的火山凝灰岩里的锆石定年，得出了东方广西龙应该生存于中三叠世安尼期，而非之前认为的早三叠世早期这一结论。

东方广西龙属于最早的鳍龙类之一，虽只发现了一件化石且骨骼保存不完整，但却是研究三叠纪海生爬行动物起源和演化的非常重要的材料。鳍龙类包括了著名的胡氏贵州龙所属的肿肋龙类，以及幻龙类、楯齿龙类、蛇颈龙类。鳍龙类的成员都是具有很强游泳能力的捕猎者，从近岸浅海到广阔的远海都有它们的身影。

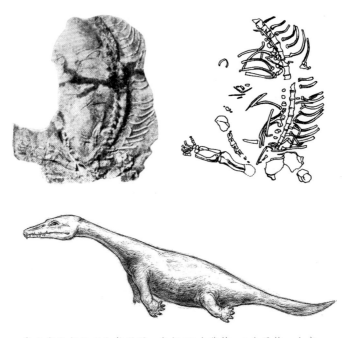

东方广西龙化石和复原图。包括20个背椎、5个尾椎、大部分背肋和后肢等。东方广西龙是幻龙类的近亲，也是繁盛于侏罗纪和白垩时期的蛇颈龙类的祖先，其生活在距今2.4亿年的三叠纪中期海洋里

武鸣邓柳村野外三叠纪的地层及景观

与东方广西龙同层的菊石化石、鱼类鳞片化石和植物化石

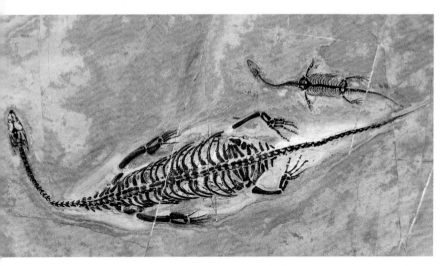

氏贵州龙化石。胡氏贵州龙是华南三叠纪海生爬行动物中最为知名的种类之一，与东方广龙同属鳍龙类

另一块广西三叠纪海生爬行类化石于 2022 年发现于百色隆林者保的早三叠世罗楼组灰岩地层中，被命名为粗壮百色鱼龙。这是广西发现的第一块鱼龙化石，主要为躯干前半部分，包括背椎、肋骨和肢骨等，这块标本虽然也是由零散的骨骼构成，但是其同样具有特殊意义。粗壮百色鱼龙的体形颇大，完整个体长达 3 米，远远大于此前在安徽、湖北发现的早期鱼龙，是迄今为止中国发现的最大的三叠纪早期鱼龙。它的出现证明了在广西广阔的三叠纪地层中完全可以发现更多的海生爬行类化石。

鱼龙是众多中生代海生爬行动物中最负盛名也是最成功的类群之一，与其他林林总总的海生爬行动物相比，鱼龙类生存的时间几乎是最长的，它们在距今 2.45 亿年就出现在三叠纪的海洋中。除了蛇颈龙，只有鱼龙一直延续到了 9000 万年前的白垩纪晚期才消失。鱼龙具有如

粗壮百色鱼龙发掘地

粗壮百色鱼龙化石

粗壮百色鱼龙复原图

现代海豚一般的优美流线体形、桨状的四肢和如同推进器般的新月形尾巴，这样的身体构造是典型的经过深刻演化改造的海生爬行动物。正是骨骼结构的改变和身体外形的特化，使得鱼龙可以自由地邀游在一望无际的海洋中，成为中生代海洋中的主宰。

虽然目前，广西发现的中生代海生爬行动物化石不多，但是随着今后地质调查探索地不断深入，可以为寻找那些美丽而神奇的史前海洋生命的踪迹提供更多的可能。我们期待着在未来可以看到更多曾经邀游在广西三叠纪海洋里的神秘朋友能够重见天日。

三叠纪时期鱼龙生活场景复原图（包春　绘制）

菊石：特提斯的精灵

　　三叠纪作为中生代的开篇纪元，肩负着古生代—中生代之交承前启后的生物演化更替的伟大使命。在经历了距今 2.5 亿年的史上最大规模的二叠纪末期生物大灭绝事件后，地球生命就像经历了寒冬从春天醒来，经过了早三叠世数百万年时间的艰难复苏，生物界终于在大灭绝的阴霾里走出，重新开始繁荣发展。此时，生物界的面貌已截然不同：古生代生物群中的三叶虫、笔石动物、蜓、四射珊瑚和横板珊瑚等无脊椎动物已全部绝灭，取而代之的是各种海生爬行动物和陆生爬行动物日趋繁盛并成为海洋与陆地的霸主，新的菊石和双壳动物漫游在六射珊瑚礁中，陆地上裸子植物群体逐渐壮大，并开始出现最原始的哺乳动物——一个全新的中生代生物群出现了。

　　整个华南地区在早－中三叠世时期还是一片汪洋大海，或处于浅海大陆架，或位于海盆的孤岛边缘，与华北陆块尚未联合。我们今天看到的广西西部由石灰岩构成的崇山峻岭，就是远古海洋留下的沉积物。这片曾经的大海就是特提斯海，广西在三叠纪时期形成的所有古生物化石，几乎都与这片海域密不可分。

地质学家将晚古生代二叠纪至中生代三叠纪时期地球上超级大陆的东侧海洋称为特提斯海，以示与大陆西侧泛大洋的区别。华南地区包括广西在内都处于特提斯海的东侧位置，华南三叠纪生物化石也因此被称为东特提斯动物群。这片神奇的远古海洋张开温暖的怀抱，哺育了三叠纪时期欣欣向荣的华南生物群。

广西的三叠纪地层广泛分布在西部和西南部，其他地方仅有零星出露。其中，以西部一带的凌云、凤山、天峨、东兰、平果和田东等地的早三叠世奥伦尼克期的逻楼组灰岩地层和中三叠世安尼期的百逢组泥质粉砂岩地层分布最广，并且发育良好。与云南、贵州等地因位于古赤道附近的浅海大陆架而盛产海生爬行动物以及鱼类化石不同，广西当时主要处于古特提斯海的深水盆地环境，所以化石种类最为丰富的是以浮游为主的菊石和双壳动物。特别是菊石，其在广西三叠纪地层中数量众多，分布广泛，在地层分带上特征明显，演化迅速，且很多种类易于识别，因此成为广西三叠系地层划分对比的重要化石门类。此外，广西西部和西南部三叠系地层中尚产有数量较少的鱼类、牙形动物、腕足动物、植物及零星的海生爬行动物化石。不过，在野外最容易找到的还是美丽的海洋精灵——菊石化石。

广西西部盛产菊石化石的三叠系剖面中，以田东作登摩天岭和凌云逻楼等地最具代表性，研究也最为详细，反映了

广西三叠纪时期的弗莱明菊石化石

广西西部和田东作登中三叠系地层里出现频率最高的巴拉顿菊石化石。这种菊石化石也是全球中三叠系早期海相地层里的代表性化石之一，如果在野外发现了，基本就可以确定这个层位为三叠系中期层位

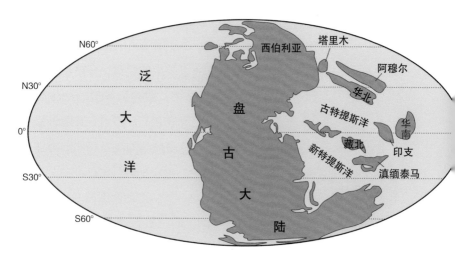

三叠纪早期古地理图，当时的华南板块位于古特提斯海的东侧（纵瑞文 绘制）

广西早－中三叠系地层和古生物的普遍特征。中国著名头足动物化石专家赵金科在 20 世纪 40—50 年代深入考察研究了广西西部众多的三叠系剖面后，以采自田东作登剖面种类繁多的菊石化石材料为基础，著成《广西西部下三叠纪菊石》，这部巨著直到今天仍是研究广西西部三叠纪菊石的经典之作，是不可或缺的重要参考资料。

田东作登一带的峰丛谷地主要由距今 2 亿多年的晚古生代—早中生代时期的灰岩构成，代表了典型的喀斯特山地特色，可谓千姿百态、风景秀丽。沿着作登西南一路前行，从山下至数公里以外的摩天岭山顶，犹如穿越时空隧道——地层由老到新，自晚二叠系至中三叠系地层均有清晰的岩石露头，其中早－中三叠系地层分布最多，菊石化石也最为丰富。

作登三叠系早期的逻楼组灰岩地层是剖面中分布最广泛的层位，也是摩天岭石灰岩山体的主要构成部分。其中的菊石种类具有很强的代表性，如哥伦布菊石、弗莱明菊石、欧文菊石、米克菊石和前卡尼菊石等，都是广西西部乃至全球早三叠世的标准菊石。研究材料显示，田东作登已发现有数十属 100 余种菊石化石，在类型上完全可以与世界上其他同期地点相比。如此丰富的菊石化石说明了在二叠纪末期生物大灭绝后，全球生物圈尚处于恢复阶段时菊石就已经遍布海中，反映出这种古老生物的坚韧不拔和对环境的超强适应能力。此外，这个时期的菊石壳体纹饰普遍比较光滑，缝合线也是比较原始的齿菊石式，都是适合在深水中游泳的类型，反映了当时典型的广海海盆环境。

田东作登喀斯特山地景色

广西西部广袤的喀斯特山地（为距今 2 亿多年的古特提斯海的沉积物）

田东作登野外地层

　　除了菊石化石，古生物学家还在作登摩天岭的早三叠系逻楼组地层中发现了属于软骨鱼类的作登弓鲛、乐氏弓鲛和田东多尖齿鱼的牙齿化石，与菊石化石和牙形石共生。它们是中国最早的弓鲛类化石（一种古老的板鳃鲨类，主要见于中三叠世至晚白垩世的海相沉积中），由此推断弓鲛可能是二叠纪到三叠纪生物大灭绝之后华南地区最早出现和发展的软骨鱼类。另外，20世纪60年代初，研究人员在凤山杭东早三叠系逻楼组地层中发现了属于腔棘鱼目的凤山中华空棘鱼，这也是中国最早报道的腔棘鱼类，这类繁盛于古生代泥盆纪的肉鳍鱼类，至中生代衰落并生存至今。由此，我们得以窥见在早三叠世时期的海洋里的物种并不单调，不仅有菊石，还有鱼类伴随，这也反映了早三叠世晚期的全球海洋生态正在逐步复苏并发展。

广西地区早三叠世菊石化石（1～4）

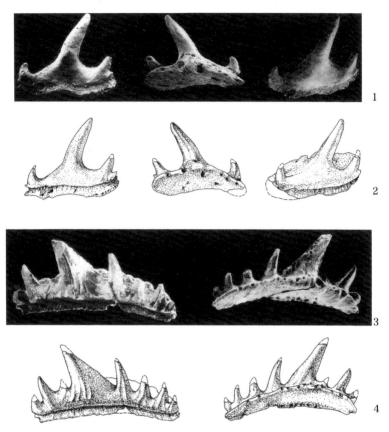

产自田东三叠系地层中的作登弓鲛（1、2）和乐氏弓鲛（3、4）的牙齿化石（摘自李锦玲、金帆《畅游在两亿年前的海洋：华南三叠纪海生爬行类和环境巡礼》）

凤山中华空棘鱼化石（摘自李锦玲、金帆《畅游在两亿年前的海洋：华南三叠纪海生爬行类和环境巡礼》）

现生的腔棘鱼（摘自李锦玲、金帆《畅游在两亿年前的海洋：华南三叠纪海生爬行类和环境巡礼》）

　　与早三叠世相比，无论是在田东作登，还是在广西西部的中三叠世安尼期百逢组，地层中的化石在种类和数量上都有了显著的增加。这是因为当时广西整体由早三叠世的深水海盆逐渐转变为中三叠世时期的浅海近岸环境，这样的海洋环境更适合生物繁衍生息，加上各个生物门类的复苏繁盛，演化更替速度加快，所以像菊石、棘皮动物和双壳动物等浅水底栖生物属种日趋丰富也是正常的发展趋势。作登摩天岭中三叠世的菊石化石和双壳动物化石主要保存在黄褐色泥质粉砂页岩或灰色泥灰岩里，与早三叠世灰岩相比不仅岩性改变了，而且菊石的壳体纹饰也与早三叠世菊石明显不同。这个时期的菊石壳面多具有明显的肋纹和棘瘤，缝合线也更复杂，表明了菊石身体结构演化的进步，也证明了这种凹凸不平的壳体更适合在比较动荡的浅海里游泳生活。

　　作登比较典型的中三叠世菊石有光叶菊石、疣菊石、库科菊石、惠水菊石、副齿菊石、荷兰菊石和尤迪卡菊石等，属种丰富，外壳纹饰也更趋复杂和多样化。通过这些曾游弋在海中的菊石精灵，可以看到距今2亿多年处于辽阔大海里的广西，在经历了二叠纪末的生物大灭绝后，在数百万年的岁月里，在特提斯海的温暖怀抱里，逐渐复苏和繁衍兴盛的生命轨迹。

　　广西最早的菊石出现在古生代的泥盆纪。种类繁多的菊石在几亿年的时间里生生不息，直到中生代结束，是头足动物的演化巅峰。虽然这些神奇的海中生灵已经永远消失在时光中，但是乌贼和章鱼这些褪去了沉重外壳的后辈们依然畅游在世界各地的海洋里，延续着头足动物的光辉传奇。

田东作登中三叠世菊石化石，可观察肋纹和缝合线的特写

广西中三叠世菊石化石

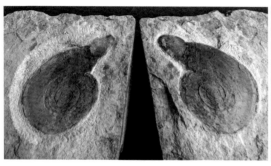

广西中三叠世菊石化石

广西中三叠世菊石化石

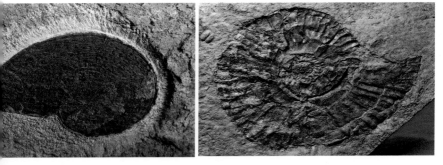

广西中三叠世菊石化石

（霍秀泉　绘制）

新生代：哺育天骄

新生代由古近纪、新近纪和第四纪共同组成。

距今 6600 万年的中生代白垩纪末期，地球遭遇了陨星撞击、火山持续喷发以及生态环境恶化等重大变化，导致大量生物灭绝，非鸟类恐龙和其他爬行动物霸主也因此退出了历史舞台，为哺乳动物的繁衍发展留出了巨大的生存空间。从此，新生代成为哺乳动物的时代。

广西古近纪产出哺乳动物化石的地点主要有百色盆地、南宁盆地和宁明盆地。其中，百色盆地和南宁盆地发现的哺乳动物化石较为丰富，种类包括了始剑虎、石炭兽类、犀类、猪类、鹿类、爪蹄兽类与古灵猫类等的化石。

进入第四纪的更新世后，广西的哺乳动物迎来了大发展时期，其中以大熊猫 - 剑齿象动物群最具地方特色。广西拥有独特的地理环境，虽然历经第四纪多次冰期的影响，但是一直都是各种哺乳动物天然的避难所和生活家园，如犀牛、猩猩、大象和大熊猫等物种均是在最后一次冰期之后才离开广西的。

除种类繁多的古动物群外，广西洞穴中还发现了许多古人类化石，如柳江人、来宾麒麟山人、崇左木榄山人等，从而证明了东亚地区的现代人类可能并非来自非洲地区，更可能是本地起源。有关广西的古人类演化，将由《自然广西》其他分册进行详细叙述。

微信 / 抖音扫码

灵长动物：万物之灵

从距今 6000 万年的新生代初始，哺乳动物就成了统治地球的霸主。如今，哺乳动物大家族中拥有高智慧的人类是这个世界的主宰，是地球生物演化阶梯的顶峰。在分类学上，人是灵长动物中的一员。灵长动物作为万物之灵，在漫长的进化过程中，不仅具备了发达的大脑，还可以通过灵巧的双手制造和使用工具，并具有立体的视觉与辨别颜色的能力，从而推动了智力的发展。这也是其被叫作"灵长"的原因，及其与其他哺乳动物的不同之处。

灵长动物分为两个大类，即低等灵长动物和高等灵长动物。低等灵长动物包括各种各样的猴子，如猕猴和金丝猴等；高等灵长动物起源于低等灵长动物，如现生的猩猩、长臂猿及人类。

作为一个包括人类在内的特殊哺乳动物类群，史前灵长动物化石的发现对于研究该类群的演化和发展具有极其重要的意义。由于绝大部分灵长动物都生活在茂密的森林中，不易保存成为化石，因此灵长动物化石相对其他的哺乳动物化石更难发现，即使是零星的牙齿或骨骼碎片，也是非常珍贵的研究标本。

广西地处亚热带地区，新生代数千万年以来环境气候整体变化不大。广西气候温暖湿润、植被繁盛、河流纵横、环境优越，是众多哺乳动物适宜的繁衍生息之地。广西具有中国南方典型的喀斯特地貌，在流水的作用下形成了各种秀丽的山峰和多姿多彩的溶洞，这也为埋藏和保存稀少的灵长动物化石提供了良好条件。

目前广西已知最古老的灵长动物化石发现于百色盆地和邻近的永乐盆地的距今约 4000 万年的古近系地层中。出自永乐盆地澄碧湖边早渐新系地层中的童氏广西狐猴化石，是唯一已研究发表的原始灵长动物化石。标本只有 1 枚上臼齿，个体较大，相对同时期的猴类牙齿化石都要粗壮一些，牙齿特征也有明显区别。

永乐盆地古近系地层景观（童永生　提供）

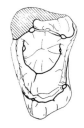

童氏广西狐猴牙齿（中）与其他猴类牙齿化石线描图（童永生　提供）

此外，在百色盆地晚始新统地层里，还发现了一段属于早期灵长动物西瓦兔猴的不完整下颌骨化石，上面还保存了2颗下臼齿化石。经过中国科学院古脊椎动物与古人类研究所童永生老师的鉴定，确定这块标本属于珍贵的西瓦兔猴，这也是兔猴动物化石在广西的首次发现。更重要的是，这块化石为数千万年前的华南地区和西瓦兔猴的主要发现地印巴次大陆之间存在着相互联系提供了直接证据。

体形娇小的兔猴动物在古近纪的始新世和渐新世时期非常兴旺，在亚洲有一类兔猴生存到2000万年前的新近纪中新世时期才彻底消失。兔猴动物是灵长动物里很低等的成员，大小如人的手掌一般，行动缓慢，喜欢待在树上以树叶为食，跟现生的狐猴类和懒猴类习性很接近。

百色盆地始新统地层景观（1）、西瓦兔猴的化石（2）及其复原图（3）

巨猿复原图

在繁盛的始新世时期，地球呈现一片生机勃勃的景象，对包括灵长动物在内的哺乳动物来说，这是一个演化和发展的重要阶段。在经历了重大气候变迁之后，低等灵长动物大量消亡，高等灵长动物发展崛起，并在新近纪的后期最终进化出了人类。

当然，神奇的巨猿是必须提及的一种灵长动物。这种著名的史前猿类是已知地球历史上最庞大的灵长动物，堪称灵长动物之王。虽然目前只发现了巨猿的牙齿和下颌骨，但是根据其粗壮巨大的特征，科学家们推测巨猿体重在 300 千克左右，身高在 2.5 米以上。但这些仅是推测，由于还没发现巨猿头骨和肢骨等化石，无法确定巨猿的身高、体重等特征。这种已灭绝的类人猿动物，曾经被认为是早期人类，实际上它与现生的猩猩

巨猿下颌骨化石

具有更近的亲缘关系，而跟人类亲缘关系甚远。现在普遍认为巨猿是灵长动物演化过程中的一个已消失的旁支。

巨猿化石的发现颇有戏剧性。1935 年，荷兰古生物学家孔尼华在中国香港的中药铺里收购哺乳动物化石时偶然发现了 1 枚巨大的灵长动物牙齿。孔尼华给这颗牙齿的主人取名为"巨猿"，认为其应该是人类的祖先。虽然后面又在各地的中药铺里找到了几颗巨猿牙齿，但是材料太少，巨猿所属的演化位置始终无法确定。世界上第一个发现巨猿化石的地点是广西。20 世纪 50 年代，著名古生物学家裴文中先生带领考察队在广西大新和柳城等地的山洞中发现了巨猿化石。经过数年的深入发掘

广西第四系地层中发现的各种灵长动物牙齿化石

后，总共发现了 3 件巨猿下颌骨和 1000 余枚牙齿。根据这些材料，确定了巨猿的生存年代是 200 多万年前至几十万年前的第四纪时期，也证明了史前广西曾是巨猿最重要的栖息地之一。

由于巨猿太过神秘，有人喜欢把世界各地流传的类人动物当作残存下来的巨猿后裔，如神农架的"野人"、喜马拉雅雪山的"雪人"和北美"大脚怪"等，实际上这些推测都是毫无根据的，巨猿这种最具传奇色彩的灵长动物确实早已从地球上消失。

巨猿生存的年代几乎跨越了整个更新世，而这一时期与其共同生活的灵长动物还有猩猩、长臂猿和各种猴子等。这些灵长动物主要生活在几十万年到几万年前的更新世中晚期，属于华南第四纪最重要的大熊猫 – 剑齿象动物群。这个动物群遍布整个广西，其中比较重要的灵长动物有魏氏猩猩。或许大家想不到在远古的广西还生活着猩猩这样的动物吧。根据牙齿比较粗壮、原始的特点推断，这种猩猩要比现生的猩猩体形庞大得多，其在当时的广西大地上与巨猿以及其他种类的灵长动物和谐地生活在一起。很可惜的是，魏氏猩猩因为环境的改变和人为影响等多种因素，在中国早已了无踪迹。

广西地区丰富的史前灵长动物化石，从侧面反映了包括人类在内的灵长类家族的概略演化历程，让我们了解到在八桂大地上曾生活过如此多的万灵之长。我们期待今后能够在广西找到更为久远的智慧生命，将灵长动物和人类的历史研究向更深层次推进。

食肉动物：武装到牙齿的传奇

可爱的小猫小狗是人类身边最常见的动物。大家平时是否留意到狗狗总是歪着头，用侧面的牙齿来啃骨头呢？这是因为它们用的是裂齿——食肉动物所具有的一种特化的牙齿，因牙齿侧扁、齿尖分裂而得名。裂齿像一把锋利的大剪刀，可以将坚硬的骨头咬碎，是食肉动物在长期的进化过程中专门用来对付猎物的利器之一。无论是可以咬住猎物的强大门齿，还是用于刺杀的匕首状犬齿，抑或是轻易把肉切割成碎片的裂齿，都展现了食肉动物千百万年来武装到牙齿的演化传奇。

狗

新生代食肉动物是一个庞大的家族，从古新世至今都始终占据着优势。这个类群大部分生活在陆地上，只有像海豹、海狮这样的鳍脚类食肉动物生活在水中。陆生食肉动物分成犬科动物和猫科动物两大支系。犬科动物包括狼、熊、熊猫、浣熊、鼬、獾、貂和水獭等动物，猫科动物包括灵猫、鬣狗、虎、狮、豹和猫等。在悠悠岁月长河里，这些种类繁多的食肉动物在各自的演化历程中，牙齿功能与形态变化、身体结构与体形大小以及生活习性等方面都演化出极大的差异性。如，张牙舞爪的老虎和狮子，身手灵敏，凶猛异常，是今天动物界的顶级猎食者；而与之相反的，同样属于食肉动物的大熊

虎

熊猫

猫，外表却憨萌温顺，以竹子这样的植物为食。这样的反差也体现了生物演化的奇妙与多姿多彩。

相对于犬科动物，猫科动物在捕杀和肉食习性方面明显更胜一筹，特别是在牙齿功能的特化上更是表现得淋漓尽致。我们今天看到的猫、虎、猎豹等猫科动物行动敏捷，完美的身体构造可以使它们进行短距离高速冲刺和长距离奔袭，以迅雷之势捕杀猎物。这些进攻者的牙齿高度特化，所有的尖牙利齿只为刺杀和撕咬而存在。如犬齿大而强壮，用于刺戮；上颌的第 4 个前臼齿与下颌的第 1 个臼齿演化成具有强大剪切撕裂能力的刀片状裂齿，通过上下咬合将肉和骨头咬碎，以方便吞咽和消化；而其他部位的牙齿则已退化甚至消失。

在远古时期，曾出现过一类大名鼎鼎的叫作"剑齿虎"的食肉动物，它们跟现生的虎豹有着亲缘关系。剑齿虎是将牙齿功能发挥到极致的传奇动物。这类动物代

新生代食肉动物的代表——剑齿虎

表了猫科动物中已灭绝的一种类型，其曾在新生代后期非常繁盛。剑齿虎的体形跟虎、豹相近，与其他猫科动物不同的是其口中的上大犬齿长而侧扁，刃缘有细密的锯齿，如同两把长剑，这也是"剑齿"名称的由来。目前已知最长的剑齿，从牙根到齿尖有20多厘米，这样奇特的牙齿形态在现生动物中是没有的，也远比虎的犬齿巨大。在攻击猎物时，剑齿虎通过强大的颈部力量和身体重量发起致命一击，将这两把"利剑"插入猎物的体内。正是凭借这种匕首状的锋利犬齿，剑齿虎几乎所向披靡，甚至敢袭击比自身体形更大的动物，如大象和犀牛等。因此说剑齿虎是"万兽之王"绝不为过。

剑齿虎（左）与老虎（右）的上犬齿对比（摘自李传夔《史前生物历程》）

虽然广西还没有发现剑齿虎的化石，但是在距今4000万年的百色盆地始新统地层中发现了始剑虎的牙齿化石。始剑虎并非真正意义上的剑齿虎，它们是最早拥有"剑齿"的假剑齿虎科成员，是非常原始的古近纪食肉动物，在亚欧大陆和北美洲均有发现。这块化石虽然只有2厘米长，但是其代表了假剑齿虎类在广西的存在具有重要意义。

与始剑虎同时发现的还有另外几种古食肉动物，如犬熊和中兽类动物。这些动物也是目前广西已知年代最古老的哺乳动物。犬熊是一种早已灭绝的长得既像犬又像熊的奇特动物，体形高达2米。它们的牙齿尖锐锋利，适合切割，具有犬和熊的双重特征，是当时非常危险的掠食者。

百色盆地发现的中兽类动物属于偏向肉食性，已彻底灭绝的原始哺乳动物。中兽类动物繁盛于新生代早期的欧亚大陆和北美洲等地，这个类群既有长度达到5米、

始剑虎的犬齿齿尖化石，具有典型的食肉动物特征

剑齿虎复原图

始剑虎复原图

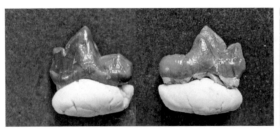

犬熊的牙齿化石，具有刀片状的锐利齿尖 　　　中兽类动物的牙齿化石

犬熊复原图

中兽类动物复原图

体重超过 1 吨的巨无霸，也有大小如豺狗的小个体成员。这些长相奇怪的家伙的牙齿虽然具有食肉动物的特性，但是研究表明它们更接近于杂食动物，主要靠吃腐肉和植物根茎过日子，自己捕猎的情况可能很少。

食肉动物在广西真正繁盛的时期是在距今 200 万—1 万年的第四纪更新世。舒适的自然环境和数量庞大的有蹄类动物，如鹿、牛、羊和野猪等为食肉动物提供了丰富的食物来源。当时的广西广泛生活着种类繁多的食肉动物，如巴氏大熊猫、中国黑熊、虎、豹、狼、最后斑鬣狗、鼬和猪獾等，既有灭绝种类，也有很多的现生种类。这些动物的化石在广西乃至华南各地的洞穴堆积中被大量发现。

我们来简要认识一下巴氏大熊猫和最后斑鬣狗这两种曾经生活在广西的史前食肉动物，来看看食肉类动物 2 种完全不同的习性和牙齿功能特点。

巴氏大熊猫是中国南方更新世时期大熊猫 – 剑齿象动物群中最重要的成员之一，其比现代大熊猫要更大一些，身长大约 2 米，在更新世间曾广泛分布在华南地区，甚至到达了缅甸北部。到了更新世晚期，环境的改变使得这种熊猫的生活范围越来越狭窄，身体也渐渐变小，最后变成了现生的大熊猫。

有意思的是，从远古只吃肉的食肉祖先演变成如今主要靠吃竹子为生的物种，这个变化始终是大熊猫身上的谜。大熊猫做出这样的选择，可能是很少有动物食用竹子，它们通过这种办法避免与其他动物正面竞争。别看大熊猫外表憨态可掬，发起脾气的时候也不是好惹的，它们的血液里仍然保留了食肉祖先的凶猛习性。

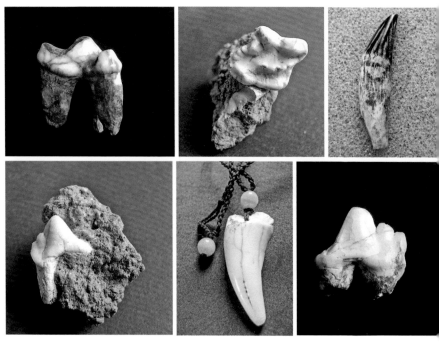

广西第四纪洞穴堆积中的食肉动物牙齿化石

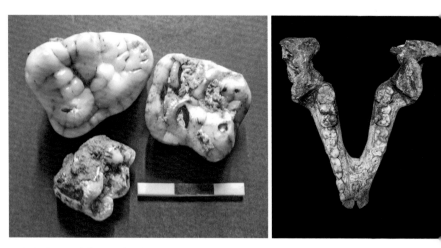

巴氏大熊猫的牙齿化石（左）和下颌骨化石（右）。牙齿咀嚼面为多瘤状突起构造，如此复杂和特殊的形态是大熊猫为长期适应食用竹子而产生的。这种与所有的食肉动物牙齿完全不同的特征，反映了大熊猫在食性上的特立独行和与众不同

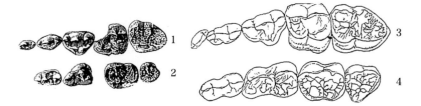

始猫熊牙齿（1、2）与现代熊猫牙齿（3、4）在数百万年时间里的变化对比
（摘自李传夔《史前生物历程》）

巴氏大熊猫复原图

现生大熊猫

最后斑鬣狗是曾经广泛生活在中国南北各地的一种更新世时期的食肉动物，因其外形似狗，颈背部长有鬣毛而得名。这种动物外形看起来很像狗或狼，但并不是真正的狗，它们是从猫科动物灵猫演化的主干上分化出来的，跟犬科动物狗在亲缘关系上距离很远。现生的鬣狗只生活在非洲和亚洲南部，但是在几十万年至几万年前，鬣狗曾是广西最常见的食肉动物之一。

最后斑鬣狗复原图

与温顺的、只吃竹子的大熊猫不同，包括最后斑鬣狗在内的鬣狗家族都是凶残的掠食者。在漫长的演化过程中，它们的牙齿和颌骨增大，咀嚼能力更强，其粗壮的裂齿也高度特化成具有强大剪切功能的片状；而坚韧的上下颌骨咬合时能将力量集中于一点，可以轻易把大型动物的硬骨头嚼成碎渣，吞入肚子里。研究表明，在更新世期间中国曾经存在过好几种鬣狗，最后斑鬣狗是生活在中国境内的最后一种鬣狗，曾繁荣一时。它们的进化比较完全，与现代斑鬣狗很接近，直到距今1万年的更新世结束时才彻底灭绝。

纵然处于自然界食物链的顶端，利齿无敌的食肉动物如今也因为生存环境的恶化与人类的步步紧逼，数量和栖息地日益减少和萎缩，越来越多的食肉动物已然消亡或成为濒危物种。无论如何，人们都不愿看到它们有一天在地球上全部消失，我们期望这些传奇动物可以继续述说自己在历史时光深处的非凡故事。

现生非洲鬣狗

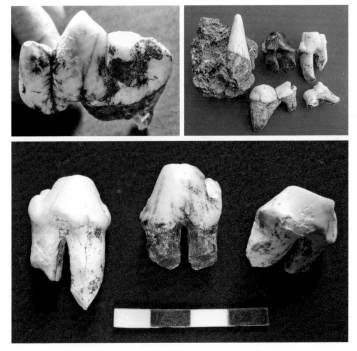

最后斑鬣狗的牙齿化石。剪刀状的裂齿充分说明了这种动物的肉食特性

长鼻动物：消失在八桂大地的剑齿象

　　大象是我们非常熟悉的一类大型哺乳动物。这类庞然大物很重要的一个特征就是长着由鼻和上唇构成的长鼻子，这也是长鼻动物名称的由来。

　　古老的长鼻类家族早在距今大约 6000 万年的新生代初期就出现了。这种最原始的叫作"初象"的动物比兔子大不了多少，体重也只有几千克。到了距今约 4000 万年的始新世晚期，长鼻动物的祖先、体形只有猪那么大的始祖象既没有长鼻子，也没有长长的象牙，仅是上唇大一些，牙齿形态和结构上则具备了后来的长鼻动物的基本特征，即它的上门齿和下门齿中的第 2 对门齿增大。今天我们所说的象牙就是指大象极度延长的第 2 枚上门齿。这些原始特征就是长鼻动物后面演化出来的长鼻子和象牙的雏形。

始祖象复原图

在始祖象之后，长鼻动物分成 2 支进化路线，其中一支是恐象，这是长鼻动物进化的旁支；另一支则是狭义的象类，是象类演化的主线，以现今的亚洲象和非洲象为代表。这条主线在数千万年时间里发展成为种类繁多、全球广布的长鼻动物大家族。

自第四纪开始，广西因优良的自然资源和气候环境成为适合动物繁衍生息的乐园，也同样是各种长鼻动物的生活家园。目前，在广西第四纪洞穴堆积中发现的动物群包括早更新世的巨猿－乳齿象动物群、中更新世的大熊猫－剑齿象动物群和晚更新世的智人－亚洲象动物群。这三大动物群中均包含了各具特点的象类，反映了不同时期长鼻动物的演化特性。尤其是中晚更新世的东方剑齿象，不仅地理分布最广、数量最大，生存时间也几乎跨越了整个更新世，是广西乃至华南地区第四纪哺乳动物群中经典的长鼻动物，完全可以作为广西史前象类最重要的代表。

广西的乳齿象类化石主要出自各个更新世早期的洞穴堆积中，以柳城巨猿洞出土的化石为代表。乳齿象的臼齿呈横脊状，齿脊由成排的锥形齿尖构成，齿尖形如圆钝的乳状突起，乳齿象因此得名。早期的乳齿象齿冠低，牙齿结构比较原始，只能吃嫩叶，不能吃粗糙的草。乳齿象最早出现在古近纪的渐新世早期，是象类演化主线中非常重要的类群，我们熟悉的猛犸象、亚洲象和非洲象这些真象类就是从乳齿象类群中进化而来的。乳齿象类在 3000 多万年的演化过程中体形越来越大，如美洲乳齿象体格健壮，身高可达 3 米，与现生的大象的体形很接近。最后的乳齿象在 8000 年前的美洲灭绝。

乳齿象牙齿化石

乳齿象复原图

　　除了乳齿象，广西史前另一种著名的长鼻动物就是剑齿象了。剑齿象是真象类的最早代表，最初出现于距今 200 多万年的上新世，在上新世晚期和更新世早中期达到鼎盛时期。各种各样的剑齿象漫步在亚洲和非洲各地，之后逐渐衰落，到了距今 1 万年的更新世末期就销声匿迹了。

　　东方剑齿象则是中国南方第四纪更新世期间最著名的哺乳动物之一。东方剑齿象化石也是广西洞穴堆积里最容易找到的象类化石，遍布整个广西，可见其数量的庞大和繁盛程度。东方剑齿象属于进步的真象科剑齿象亚科成员，作为第四纪最常见的长鼻动物，其身躯魁梧，比现在的亚洲象要更大一些，具有跟其他剑齿象一样又长又弯的象牙。它们的臼齿呈典型的横嵴齿板状，横嵴数量可达十几排，横嵴上的齿突发育，看上去就像搓衣板，特征十分明显，非常适合碾磨粗糙、坚韧的植物。东方剑齿象虽然体形庞大，但是在史前广西茂密的丛林里生活得游刃有余，这些巨兽的长牙似乎并不妨碍它们繁衍生息。

东方剑齿象的白齿化石

东方剑齿象复原图

到了距今数万年的更新世晚期，随着更具竞争优势的现代哺乳动物纷纷崛起，包括东方剑齿象在内的古老的剑齿象家族逐渐力不从心，加上生存环境的改变和越来越多的人类影响等诸多因素，使得东方剑齿象这种性格温顺的大型食草动物最终消失在了八桂大地上。

在更新世晚期，与东方剑齿象共同生活在广西的还有亚洲象，其逐步取代了东方剑齿象，成为象类优势物种。今天亚洲象仍生活在亚洲南部，但是由于人类活动的影响，它们的栖息地已非常狭小，数量也已不多。

作为今天仍生活在陆地上的大型动物，长鼻动物家族可谓历尽沧桑。它们所经历的 6000 万年的演化过程，也代表了整个新生代哺乳动物的艰辛发展史。现在，地球上只剩下亚洲象和非洲象这两种长鼻动物了。衷心希望人类能够停止捕杀，并保护好环境，留下更多的野生动物与人类为伴，让后人可以与这些古老而神奇的动物继续和谐地生活在这个星球上。

现生非洲象

亚洲象的臼齿化石。其与剑齿象齿板的结构形态相近，都属于典型高齿冠的研磨型颊齿

现生亚洲象

奇蹄动物：夕阳无限好

在哺乳动物各大类群里，有蹄类动物是一个对地球自然生态起到重要作用的大家族，其中包括了奇蹄动物和偶蹄动物两大支系。无论是奇蹄动物的马和犀牛等，还是偶蹄动物的猪、牛、羊、鹿等，都是奇妙动物世界中色彩斑斓的亮丽风景线。

相比今天繁盛兴旺的偶蹄动物，现生的奇蹄动物只有马、驴、斑马、犀牛和貘这几种屈指可数的成员，三趾马、爪兽、雷兽和巨犀等奇蹄动物都已灭绝。这个没落衰败的类群，在新生代中期曾风光一时，达到了演化和发展的顶峰。可时过境迁，如今它们已彻底让位于偶蹄动物。

奇蹄动物的特点是它们前后脚的趾头数目通常为奇数（单趾或三趾），脚的中轴通过中趾（相当于人的中指）。例如，进化后的马为了跑得更快，只剩下 1 个趾头。在数千万年来的演化中，奇蹄动物从较小的体形逐渐向大型化发展，多数种类的四肢也变得细长。

新生代是哺乳动物大发展的时代。在距今 5000 多万年的始新世早期，地球气温达到了新生代以来的最高值，郁郁葱葱的繁茂植被和温暖干燥的气候环境为所有

马　　　　　　　　　驴

貘

犀牛　　　　　　　　斑马

现生的奇蹄动物

的脊椎动物提供了最好的演化良机，像奇蹄动物、偶蹄动物和啮齿动物等类群纷纷出现，并得到迅速发展。奇蹄动物在此期间辐射分化出了马、犀、貘、雷兽和爪兽等至少13个科超过130个属的庞大群落。而在这个时期，以杂食小型动物为主的偶蹄动物在数量上还远远不及它的奇蹄动物表亲。

到了距今3000多万年的始新世晚期和渐新世早期，地球气候开始变得干冷，寒冷的环境使得硬叶植物、针叶林和落叶林等大量出现，这让奇蹄动物获得了更大的繁衍生活空间，种类也因此继续繁盛发展，体形也在不断增大。于是在渐新世，地球上出现了有史以来最大的陆生哺乳动物——巨犀。这种庞然大物体重可达30吨，头部可伸长到7米高，远比现在的非洲象更大、更高。在哺乳动物中，这样的体形只有海洋里的某些鲸类能与之相比。

广西的奇蹄动物同样在这个时候得到了快速兴起和发展。产出始新世和渐新世的奇蹄动物化石的重要地点，位于右江沿岸的百色盆地和相邻的永乐盆地，这里以内陆山间盆地的湖泊相泥岩和粉沙泥岩沉积为主，也是广西产出石油与褐煤的重要层位。这两个地方出土的哺乳动物化石以偶蹄动物和奇蹄动物种类最多，数量也非常丰富，且颇具南方地域特色。奇蹄动物化石有雷兽、全脊貘、爪兽、两栖犀，以及原始的真犀类，其中犀牛化石是最常见的奇蹄动物化石。

可以说犀牛曾经是这个星球上进化最成功的奇蹄动物类群了。如今的犀牛处于濒临灭绝的尴尬处境，但是在几千万年到几百万年前，地球就是犀牛的生活乐园，

广西新生代时期的犀牛化石

百色盆地新生界地层景观

新生代时期的螺化石　　　　　新生代时期的鳖类破碎甲板化石

新生代时期的植物叶子化石

新生代时期的龟鳖类骨板化石

世界各地都在奔跑着各种各样的犀牛。在很多地方，它们的数量甚至远比其他的哺乳动物加在一起都要多，可谓盛极一时。犀牛有4个类群，包括了生活方式跟现在的河马相似的两栖犀、体形小巧且四肢细长的跑犀、庞大的巨犀以及现存的真犀。目前仅有真犀科的3种犀牛还生活在热带区域，即非洲的黑犀、白犀和东南亚的苏门答腊犀。

桂犀化石是百色盆地和永乐盆地古近系地层中发现最多的犀牛化石。这一极具广西地方特点的早期真犀类包括了简饰桂犀和右江桂犀，这两种犀牛个体中等，牙齿结构原始，代表了在数百万年时间里广西古近纪时期犀类比较典型的进化演变关系。与它们生活在一起的还有两栖犀、爪兽，以及偶蹄动物石炭兽和鼷鹿等动物。这些哺乳动物都喜欢待在沼泽地带或湖泊岸边。同时，在地层里还发现了数量丰富的龟鳖类、腹足动物、介形虫以及植物化石，证明了当时的广西水域宽广、植被茂盛、气候湿润温暖，非常适合这些喜水动物和植物生存。

桂犀复原图

　　奇蹄动物的另一个繁盛阶段是第四纪的更新世时期。在广西各地的第四纪洞穴堆积里埋藏了包括貘和犀牛在内的大量哺乳动物化石。大家或许会产生一个疑问，像犀牛和大象这样的庞然大物怎么会出现在空间狭窄的山洞里呢？可能是这些动物当时生活在离洞穴不远的地方，死亡后它们的遗骸和泥土一起被雨水或洪水裹挟着冲进了附近地势较低的洞穴里。也有可能小部分的动物失足跌入洞中，最终经过长期的埋藏变成了化石。可以说，遍布广西全境的多姿多彩的喀斯特洞穴不仅仅是游览胜地，也是保存动物化石和古人类信息的天然储藏宝库。

　　广西更新世时期的奇蹄动物代表，非华南巨貘和中国犀莫属。这两类经典的奇蹄动物是华南地区中晚更新世大熊猫－剑齿象动物群中的重要成员，在中国南方均有广泛分布。

广西喀斯特地貌

貘是非常古老的奇蹄动物，犀牛很可能就是从某种貘类进化而来的。现在还生活在地球上的貘只有4种，分布在东南亚和拉丁美洲。而新生代的貘类与犀牛一样遍地"开花"，曾生活在全球绝大部分地区。貘的体形普遍较大，其中华南巨貘是貘科动物中体形最为庞大的种类，身长3～4米，高可以达到2米，远比现代的貘大得多。巨貘化石发现最多的地方在广西的第四纪洞穴堆积中，证明了当时广西是这种大块头动物生活最集中的区域，气候温暖、林木繁茂的自然环境非常适宜它们繁衍生息。

与巨貘共同生活的中国犀也是史前广西最重要的奇蹄动物之一，而且数量更加丰富，几乎在含有第四纪动物化石的洞穴堆积里都会发现中国犀的存在。中国犀由英国古生物学家欧文根据在中国发现的化石材料而命名，这种犀类有着非常悠久的研究历史，也是最早被全世界认识的中国古生物种类之一。中国犀的外形跟现在还生活在东南亚丛林里的苏门答腊犀差不多，但牙齿结构相对原始，体形也明显更大一些。中国犀跟华南巨貘一样，由于诸多原因，在更新世的晚期迅速衰落，并最终走向了灭绝。

在经历了跌宕起伏的演变进化和辐射发展之后，曾经如日中天的奇蹄动物在第四纪更新世后期渐渐归于沉寂，再也不复往日辉煌。如今，奇蹄动物家族在地球上只剩下马科1属、犀科4属和貘科1属，这些尚在勉力支撑的"遗老"，就像夕阳映照下古老建筑的残垣断壁，让人依稀感受到奇蹄动物曾经的繁荣景象。

华南巨貘的牙齿化石（左）和下颌骨化石（右）

华南巨貘复原图

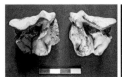

中国犀的牙齿化石（左、中）和头骨化石（右）

中国犀复原图

偶蹄动物：兴盛之道

　　如今，与人类关系最为密切、贡献最大的哺乳动物恐怕当属猪、牛、羊这些偶蹄动物了。我们常见的肉制品、药物和日常生活用品很多都来自这些司空见惯的动物。它们与人类的关系也反映了人与自然生态的重要联系。

　　作为现代生态系统中最繁盛的哺乳动物类群，偶蹄动物起源自距今 5000 多万年一个叫作踝节类的古老哺乳动物大家族，并最终发展成为今天最成功的有蹄类动物。当今绝大多数的有蹄类动物都是偶蹄动物，包括了猪科、鹿科、长颈鹿科、牛科、驼科、河马科等数量庞大的各类植食性动物。

骆驼

　　之所以叫作偶蹄动物，是因为它们的趾头数都是偶数，一般具有 2 个或 4 个脚趾。今天的偶蹄动物相比奇蹄动物演化更加成功之处在于它们一系列的进步特征，如牙齿从低冠到高冠进化，使得它们能够适应从杂食到草食的多样化食物资源；偶蹄动物脚踝上的距骨具有 2 个关节面，通过与向上的胫骨和向下的跗骨连接，使后肢可以在很大程度上进行弯曲和伸展。凭借双滑车的距骨，羚羊这类的偶蹄动物就具备了快速奔跑和跳跃的能力。此外，偶蹄动物的消化系统也是最成功的，像牛、

鹿

现生的偶蹄动物代表

羊、鹿这样的反刍动物可以在短时间里吞下大量的植物，然后在安全的地方反刍食物，细嚼慢咽。这种快速吞咽食物后再进行反刍和消化的特点，使偶蹄动物具备充足体力以逃避食肉猛兽的追捕，并在与奇蹄动物的生存竞争中奠定了至关重要的胜利基础。

正是因为这些优势，早期演化阶段还明显占优势的奇蹄动物，在后面漫长的适应和进化过程中渐渐不敌偶蹄动物。最终在新生代后期，偶蹄动物取得了全面优势并繁盛至今。

最原始的偶蹄动物出现在早始新统地层中。在之后的数千万年时间里，它们分化成猪形类、骈足类和反刍类等三大动物类群。广西目前发现的偶蹄动物化石主要是在古近纪的始新统－渐新统地层和第四系的更新统洞穴堆积中，这也是广西新生代最重要的 2 个含哺乳动物化石的层位。其中，百色盆地、永乐盆地和南宁盆地是古近纪偶蹄动物化石发现最多的地方，尤其是百色盆地中晚始新统地层的那读动物群，已发现的哺乳动物化石在 30 种以上，其中偶蹄动物石炭兽化石种类繁多，数量丰富，共计有 6 属 14 种，是中国发现石炭兽化石种属最多的地区。

永乐盆地新生界地层景观

百色盆地新生界地层景观

南宁盆地新生界地层景观

新生代时期的偶蹄动物化石

　　石炭兽是一类已灭绝的食草偶蹄动物，属于猪形亚目。与其亲缘关系最近的是起源于石炭兽，且至今仍生活在湖泊沼泽中的河马。石炭兽外形与猪有些相似，跟真正的猪没有太多关系。最古老的石炭兽化石发现于始新统中期地层里，在随后的数千万年时间里，各类石炭兽层出不穷，衍生出了非常丰富的属种。石炭兽的适应能力和扩散能力很强，在欧亚大陆、非洲和北美洲均有分布，它们直到距今 200 万年的更新世早期才彻底灭绝。

　　这些长相怪异的家伙跟今天的河马习性一样，都是泡在水里过日子的动物，喜欢在沼泽地带生活。在百色盆地、永乐盆地和南宁盆地发现的石炭兽绝大部分是南方类型，有相当多的广西特有品种，证明了距今 4000 万年

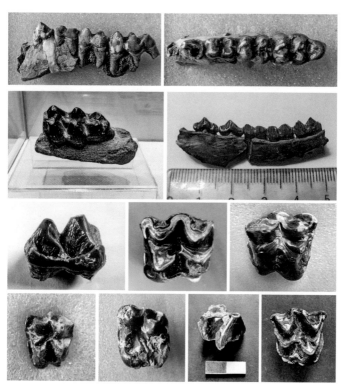

广西新生代时期的石炭兽化石

石炭兽复原图

柯氏印度鼷鹿的下颌骨化石（上）与牙齿化石（下）

的广西气候温暖、森林茂密、湖泊广袤、河滩纵横，非常适宜各类石炭兽和两栖犀等哺乳动物繁衍生息。

柯氏印度鼷鹿是除石炭兽外，在广西新生界始新统地层中发现的另外一种原始偶蹄动物。鼷鹿起源于亚洲，有中国的古鼷鹿和北美的异鼷鹿等分支。在经过了漫长的时间洗礼后，绝大部分鼷鹿类都灭绝了，只有个别残余种类活到了今天，分布在亚洲南部和非洲热带丛林里，如东方鼷鹿等。

这种小型反刍类动物体形娇小，如猫狗般大小，且生性胆小，平时藏匿于附近有水源的灌木丛里。柯氏印度鼷鹿这类早期鼷鹿与石炭兽一样，喜欢在水边觅食。柯氏印度鼷鹿化石是百色盆地中晚始新统地层里最为常见的哺乳动物化石之一，数量极为丰富，由此可窥见这种偶蹄动物在当时的繁盛程度。

时间长河流淌到第四纪更新世，广西的偶蹄动物兴旺依旧。与几千万年前的古近纪始新世至渐新世时期一样，广西优越的自然环境如同乐园，养育了无数的哺乳动物。这一时期的偶蹄动物大家族无论是在分布范围，还是在种类、数量上都达到了繁盛的巅峰。

柯氏印度鼷鹿复原图

广西第四纪的三大哺乳动物群中均包含了种类繁多的偶蹄动物，如早更新世的巨猿动物群里，出现了河猪、裴氏猪、丘齿鼷鹿、祖鹿、广西巨羊和羚牛等比较原始的偶蹄动物，它们有一些是新近纪的残留种类，还有一些是第四纪早期的特有物种，代表了广西乃至华南地区第四纪偶蹄动物的先驱类型。

几十万年前的更新世中晚期大熊猫－剑齿象动物群是广西第四纪最重要的动物群，其中包含了现已灭绝的种类，如巨猿、东方剑齿象、中国犀和巨貘等，有着承前启后的纽带作用，接替了古老的巨猿动物群，为更新世晚期现代动物群的出现奠定了基础。现生动物种类开始大量出现，如猩猩、长臂猿、猴、熊、野猪、水鹿、麂、牛、羊等，繁盛的偶蹄动物是其重要的组成部分，甚至占据了整个大熊猫－剑齿象动物群的半壁江山。

晚更新世至全新世的现代动物群继承了大熊猫－剑齿象动物群的大部分属种，自全新世以来已演变成熟，几乎都是生活在亚洲地区的动物种类，如亚洲象、猩猩、猕猴、金丝猴、犀牛、貘、虎、熊、鹿、野猪和牛等。

如今自然界的生存条件已岌岌可危，像长鼻动物、食肉动物和奇蹄动物随时可能面临消亡的窘境，唯独偶蹄动物利用自身独到的进步特点和强大的环境适应能力，仍然是地球陆地生态系统中最成功、最具优势的植食性哺乳动物类群。

巨猿动物群的一些偶蹄动物牙齿化石

广西洞穴堆积与大熊猫－剑齿象动物群中的偶蹄动物化石

硬骨鱼类：花山脚下的"桂鲱"

地处桂西南地区的宁明盆地是广西众多新生代盆地中的一个，这里不仅拥有秀丽的自然景观，还蕴含着丰富的化石资源，著名的花山岩画遗址就坐落在盆地附近。宁明盆地这个具有鲜明地域特征的古生物群落，被称为"宁明生物群"。

宁明生物群是指保存在广西宁明盆地距今 2000 多万年的新生界渐新统晚期至中新统早期地层中的古生物化石群落。这个生物群属种丰富并且独具特色，迄今为止发现的化石种类包括丰富的鱼类化石和植物化石，以及少量的昆虫化石和龟鳖类化石。其中，已研究记载的突出代表有裸子植物的宁明三尖杉、花山翠柏，被子植物的广西类黄杞、宁明类黄杞、拉森尼羊蹄甲等，以及硬骨鱼类的粗棘花山鲤、宁明生态鱼和幸运桂鲱等。这些保存精美的化石大多数是广西乃至世界的首次发现，同时又可以跟我国乃至全球其他地方进行对比，因此对这些独特的化石种类进行起源演化以及生态环境变化的研究极具科学意义。

广西的鱼类化石在新生代时期发现不多，由于保存不善，基本都是比较破碎的骨片、牙齿和脊椎等，完整的个体很少。而宁明盆地近年来发现的大量完整的鱼类化石，特别是保存在结核中的鱼类化石异常完整，为新生代鱼类的系统发育关系、多样性和生物地理分布研究提供了不可多得的珍贵材料。

与广西其他的新生代盆地如百色盆地、南宁盆地相似，宁明盆地同样沉积着厚厚的河湖相地层，岩性以灰色泥岩夹浅黄色泥质粉砂岩和细砂岩为主。鱼类化石和植物化石主要产自新生界古近系与新近系交界的渐新统

宁明盆地野外地层（1）及其产出的鱼类化石（2～5）

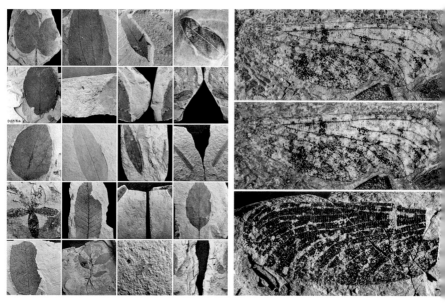

宁明生物群中的植物化石（左）和昆虫化石——广西花山螳（右）（黄迪颖 提供）

晚期至中新统早期的宁明组地层中。一般灰色泥岩里的
鱼类化石都不太完整，很多都以零散的骨片形态保存，
而完整的鱼类化石基本出自含铁质的泥质砂岩结核中。
这些椭圆形的褐色砂岩结核夹在灰色泥岩中的薄层细砂
岩里，在野外的岩壁上呈明显有规律的条带状，在整个
地层中均有分布。

结核中的化石属于特殊的保存方式。20世纪60年
代，最早发现的鱼类化石就是当地老乡在开挖水渠的过
程中将这样的砂岩结核敲开，意外发现了长达52厘米
的完整鱼类化石，由此逐步揭开了宁明盆地新生代化石
研究的序幕。

经过广西自然博物馆和中国科学院古脊椎动物与古
人类研究所的科学家们多年的详细研究，发现宁明盆地

宁明盆地野外地层（左）与含鱼类化石的结核（右）

的鱼类化石主要包括鲱超目、鲤形目、鲈形目和鲇形目等类群，其中又以鲱超目和鲤形目的化石数量最多，且最具特色。

鲱超目主要是一些中大型的具有背棱鳞和腹棱鳞的鱼类，与我国渤海沿岸地区和北美洲绿河盆地古近纪始新世时期的双棱鲱属同一类型。双棱鲱最重要的鉴定特征就是背棱鳞的形态差异，如宁明的鲱类化石在这方面具有较多独有的性状。广西自然博物馆陈耿娇老师对这些鲱类化石进行了多年研究后，于2021年发表文章将其命名为"幸运桂鲱"这一非常好听的名字，"桂鲱"二字代表了这种鱼类化石产于广西，是带有浓郁地方特色的化石种类。而幸运桂鲱也是宁明盆地鱼类中体形最大者，数十厘米的鱼类化石呈现在岩石上颇为震撼。

结核中完整的鱼类化石

　　鲱超目分为鲱目（如沙丁鱼和长江刀鱼等）和已灭绝的埃笠姆鲱目两大类。埃笠姆鲱俗称双棱鲱，曾广泛分布在北美洲、南美洲、地中海沿岸和东亚地区。地中海地区是双棱鲱起源演化的核心区域，其最早记录见于白垩纪早期，并繁衍延续，直到新生代的渐新世才最终消亡。广西宁明渐新统地层中的幸运桂鲱是目前已知双棱鲱化石的最年轻记录，对研究双棱鲱的演化历史、系统发育关系和种群的地理迁移扩散具有极其重要的科学价值。

　　鲤形目是宁明盆地新生界地层中发现的另外一类重要的鱼化石类群。作为现代淡水鱼类中最大的类群，全球鲤形目超过 3000 种，如草鱼和胭脂鱼等，都是重要的经济鱼类和观赏鱼类。宁明盆地目前已研究发表的鲤形目有宁明生态鱼和粗棘花山鲤 2 种，其中宁明生态鱼是一种体细长而侧扁的小型鲤科鱼类，一般长几厘米至十余厘米，是宁明盆地中第一种正式研究发表的鱼类化石。

幸运桂鲱化石（陈耿娇　提供）

　　粗棘花山鲤与幸运桂鲱一样，也是宁明新生代的本土鱼类化石。粗棘花山鲤的学名灵感来自宁明当地著名的花山岩画遗址，其因悬崖峭壁上绘制有 2000 多年前壮族先民生活和祭祀等活动的神秘图像而闻名。粗棘花山鲤是一种体形侧扁的鱼类，一般长 20～30 厘米。粗棘花山鲤的背鳍和臀鳍均呈粗壮的硬棘状，且后缘带有明显的锯齿，这是它最明显的特征。

　　与植物化石能提供当时确切的气候信息不同的是，鱼类化石能推测并复原宁明盆地距今 2000 万年的古地理和沉积环境。很有意思的是，这些鱼类的习性各有不同，却埋藏在了一起。鲤形目是标准的淡水鱼类，只生活在湖泊江河里；而像幸运桂鲱这样的鲱类属于海洋鱼类，但有很多种类是洄游性鱼类，能溯河而上，进入淡水中生活。宁明盆地发现了很多淡水软体动物化石，可推断此处以淡水湖泊沉积为主，很可能还夹有部分与海水有关的沉积。换句话说，宁明盆地并不是单纯的内陆

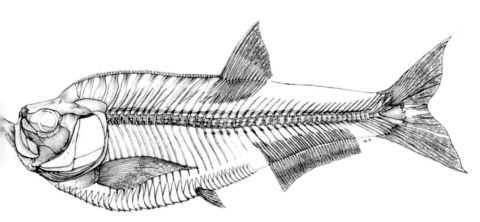

幸运桂鲱素描图（陈耿娇　提供）

北美洲始新世绿河组中的双棱鲱化石

型盆地，应该距离海边不远，是有河流水道与当时的古海洋或海湾相通的一种海陆过渡性地理环境。

位于宁明县城西北明江之滨的花山岩画是当地著名的旅游景点之一。这处有着 2000 多年历史的岩画遗址是世界上同类岩画中面积最大、保存最完好的，是壮族文化的灿烂瑰宝。在明江边的悬崖陡壁上，骆越先民们在 8000 余平方米的岩壁上绘制了 1900 多个赭红色图像，场面宏大，其中以青蛙造型的人像为主，还有铜鼓、刀剑和各种兽类等图形，反映了当时人们的图腾崇拜以及祭祀和日常生活等活动，对于研究广西骆越文化和历史有着重要价值。

宁明盆地精美的化石与古老的花山岩画都是广西历史的见证者，它们交相辉映、相得益彰，同样也隐藏着众多未解之谜等待揭晓。

宁明生态鱼化石

粗棘花山鲤化石

花山岩画

腹足动物：大螺蛳的前世今生

　　广西人食用螺蛳的时间可追溯到 1 万年前的石器时代，遍布广西各地江河边，被古人食后丢弃的螺蚌壳所形成的贝丘遗址就是生动的例证。螺、蚌等动物富含蛋白质，营养价值高，经过一番煎炒烹煮，味道鲜美可口。广西的传统小吃炒田螺，以及名扬天下的柳州螺蛳粉，已成为广西的美食文化名片。综上，我们可以看到广西与"螺"之间的紧密联系和悠久历史。

　　我们所说的螺，在生物学上通常是指软体动物门中的腹足动物。腹足动物的蜗牛和田螺我们都非常地熟悉。腹足动物因足位于身体腹面而得名。绝大部分腹足动物的外壳都是不对称的螺旋形或圆锥形，具有鲜明的形态特征。其行动方式有爬行、掘穴、游泳和漂浮等，食性则素食和肉食皆有。腹足动物在古生代寒武纪就已出现，直到今天，这个从不显山露水的古老智者依旧长盛不衰。腹足动物不仅是软体动物门中属种最多和分布最广的一个纲，更是众多软体动物中唯一

广西特色美食——螺蛳粉

栖息在海洋、淡水和陆地等3种不同生活环境下的动物类群，其顽强的生存能力和适应能力令人叹服。

　　腹足动物化石是野外最常遇见的化石种类之一，在广西各个地质时期均有丰富的发现。尤其是南宁盆地，其拥有新生代数量巨大的淡水腹足动物化石群落，与广西乃至全国其他地方的新生代盆地古生物特征形成了鲜明对比，构成了一个别具特色的腹足动物群。除了田螺科的螺蛳属，这个动物群中还有一些种类至今仍生活在云南少数的高原湖泊中，其余大部分都已灭绝。由于这些灭绝种又与许多的现生种存在着诸多关系，因此南宁盆地的腹足动物化石对研究探讨螺蛳属的演化和发展及生态环境的变迁具有重要的意义。

　　南宁盆地属于较大的郁江流域串珠状断陷盆地，广西的首府南宁就坐落在这个四面环山的盆地中。这个古老的盆地呈东北至西南走向的纺锤形，面积900多平方千米。盆地中的新生界地层以湖相沉积为主体，厚度达1500米，其中富含化石的早渐新统邕宁组地层主要分布在南宁三塘—五塘一带和凤岭地区。这些地方的渐新统灰色湖相泥岩中含有大量的淡水腹足动物和双壳动物等软体动物化石，以及植物和脊椎动物化石，其中又以大量螺类构成地层中最为显著的化石类别。下面我们就来逐一了解几种很有特点的腹足动物。

　　南宁螺蛳——腹足纲田螺科螺蛳属中的灭绝种类。这是一种大型的淡水螺蛳，以化石发现地南宁命名。个体大小一般为6～8厘米。整个壳体纹饰复杂，呈塔状，壳质厚实，螺环6～7个，呈阶梯状。壳面上具有明显的棘突和棘刺，可以起到防御和像船锚一样在水底固定

南宁盆地野外地层景观

的作用。南宁螺蛳化石是南宁盆地早渐新统邕宁组地层中最常见的化石种类之一。

在这里需要说明的是，螺蛳在生物分类学中与我们平时吃的螺蛳并不是一个物种。与前者属于田螺科螺蛳属不同，后者属于田螺科环棱螺属，这二者的螺壳形态也有明显的区别。

南宁盆地的另一个腹足动物大块头，当属田螺科巨螺蛳属的奇异巨螺蛳。奇异巨螺蛳一名本身就说明了它怪异和巨大这两个特征。这种巨无霸应该是南宁盆地新生界地层中发现的个体最大、最有代表性的腹足动物化石，绝对称得上是螺蛳家族中的巨人。奇异巨螺蛳的壳体发育极大，普遍都在 10 厘米以上，属于超大型螺蛳。奇异巨螺蛳最有特色之处是壳顶与壳体之间被分成了2 个部分，其壳顶是倾斜的，螺顶边缘饰有三角形花边，这种特化结构也是奇异巨螺蛳与其他螺蛳不同的地方。奇异巨螺蛳造型优雅，呈高塔状的壳体坚固厚实，形体扩张，具有发达的突起棘刺。奇异巨螺蛳和南宁螺蛳一样数量庞大，也是南宁盆地辨识度最高的腹足动物化石之一。

从左到右依次为南宁螺蛳化石、现生螺蛳（刘晔　提供）与现生环棱螺（甘致源　提供）

奇异巨螺蛳化石

　　无论是南宁螺蛳还是奇异巨螺蛳，都是新生代淡水腹足动物化石中体形硕大的种类。通常淡水腹足动物都是一些两三厘米的小型个体，只有在一个安静稳定、温度适宜、食物来源丰富的环境下，其体形才会发育巨大；在环境条件恶劣时，其生长发育就会受到限制，体形变小。奇异巨螺蛳和南宁螺蛳如此大的壳体说明了当时南宁盆地的湖泊生态环境非常适合它们生长，可以推测当时平静的湖泊中应该为富氧环境，并存在着大量的浮游类微生物，从而确保这些超级大螺拥有足够的氧气和丰富的食物来源，来维持其庞大的身躯。

南宁盆地另一种有特点的腹足动物就是李氏中华黑螺，这种长 2～4 厘米的小型螺类可以说是南宁盆地野外最常见、数量最多的腹足动物化石了。它们在野外岩壁和地面上密密麻麻堆积在一起，白花花的一大片，蔚为壮观，可见在当时的湖泊中生活的这种螺类数量极其恐怖。李氏中华黑螺与前两种大螺蛳不同，它属于黑螺超科的中华黑螺属，是仅发现于南宁盆地的地方物种，极具南宁特色。李氏中华黑螺虽然不及奇异巨螺蛳和南宁螺蛳造型惊艳，但是其数量惊人，属于当时绝对的优势物种，同时也是南宁盆地新生界地层中最早被科学记录的，距今已有 80 余载历史的软体动物化石之一。

构成南宁盆地新生代腹足动物群还有许多其他种类，如卷曲的盘螺、长螺旋形的延长奇壳螺、壳体呈三角圆锥形的三角环棱螺，以及种类繁多、个体微小的恒河螺和狭口螺等。

距今 3000 万年的南宁盆地的螺蛳完全可以跟生活在云南高原湖泊如滇池、洱海和抚仙湖中的现生螺蛳对比。腹足动物虽然生存领域广泛，但是对环境变化反应

李氏中华黑螺（左）与野外密集堆积场景（右）

南宁盆地的各种腹足动物化石

非常敏感，要求很高。近年来云南的湖泊污染日趋严重，螺蛳的生存与人类的社会经济发展引发的冲突，使得生活在其中的各种螺蛳濒临灭绝，现在几乎所有的现生螺蛳都被列入了物种保护名录，其中有 3 种螺蛳被列为云南省重点保护水生野生动物。螺蛳属在云南仍然存在现生种，而在广西已灭绝，所以南宁盆地螺蛳属的发现对螺蛳漫长的历史演变和环境气候改变的研究很有帮助。可能是广西和云南同属于珠江流域，在新生代的古近纪时期广西气候与云南类似，河流的连通使得云南、广西两地腹足动物的相似性极高。当时的南宁盆地是一个浅水大湖泊，河滩淤积的沼泽环境非常适合螺蛳属动物的生长，而后来广西的气候可能发生了巨大变化，致使螺蛳在广西灭绝，而在云南继续存活了下来并繁衍至今。广西、云南两地的螺蛳形态非常接近，反映了它们之间存在明显的亲缘关系，只是作为灭绝种的南宁盆地出土的螺蛳更加原始、体形更大，可能更能代表螺蛳属的早期类型。

在地质历史上，南宁盆地与广西其他的新生代盆地一样，戏剧性地经历了海洋—陆地—湖泊—沼泽—最后成陆的曲折过程。在南宁盆地 3000 万年漫长的地质变迁史中，地球不仅让我们看到了如今大自然的秀丽风光，而且还留下了神奇的远古纪念品——化石，正是这份珍贵的史前遗产，使我们得以了解遥远的过去，从而让我们更好地认识和理解生命的意义。

南宁盆地的螺蛳化石（刘晔　提供）

云南现生螺蛳（刘晔　提供）

后记

广西迄今为止已有 18 亿年的地质历史。元古宙至古生代时期，广西与华南其他地区一样处于深海、半深海或滨海环境，古海洋中生活着大量的藻类、无脊椎动物和早期鱼类等。中生代时期，广西陆块开始整体抬升，露出海面。从此，广西的大地上开始陆续出现了各类爬行动物、新生代哺乳动物和古人类等。

广西的远古动物研究始于 20 世纪 20 年代末，至今已有近百年的历史，为我们了解远古广西积累了许多宝贵的科研成果。《追寻远古动物》一书，作为"自然广西"丛书的分册，正是基于这些科研成果编写的科普读物。鉴于篇幅有限，本书精选了自早古生代以来出现在广西的代表动物进行介绍，编撰过程中借鉴与使用了许多前人的研究资料和图片，参考了《隐藏的风景——广西古生物化石记》《广西恐龙》和《自然广西》等书籍，并引用了许多专家和学者近年来发表的大量相关科研成果。特别鸣谢为本书提供相关资料和图片的朱敏、赵文金、盖志琨、乔妥、朱幼安、童永生、黄迪颖、傅强、纵瑞文、刘琦、刘晔、罗晴朗、梁江、骆芊树、陈耿娇、包春、霍秀泉、甘致源等诸位老师与挚友，在此表示诚挚的谢意。

由于水平有限，书中可能存在一些错误与不足，敬请读者提出宝贵意见。

曾广春 莫进尤

2023 年 6 月